小さなウマ飼いになる

ミニチュア・ホース、ポニー、在来馬の飼い方

小さなウマ好き編集部　編
中田馬の病院院長　中田順寿　監修

家の庭でウマが草を食べたり
パカパカ走ったり
ウマとの暮らしは、ウマ好きみんなの憧れです
とはいえ、大きなウマを飼うのは難しい……
でも、もう少し小さいウマならどうでしょうか
ポニーと呼ばれる小型のウマたちは
比較的世話がしやすいだけでなく
性格も温厚でフレンドリー
大型犬ほどの大きさのミニチュア・ホースもいて

小さなウマに目を向ければ
ウマと暮らすことがより現実的になってきます
人を仲間と見なして、よく懐き、
癒やしてくれる小さなウマ
人と長い歴史を共にしてきたウマだから、
きっと飼っているだけでも
心が通う一番の友達になるでしょう
あなたも、小さなウマ飼いになってみませんか？

楽しい放牧の時間

外では草に夢中

やっぱり草に夢中

気持ちのいいお天気

走ることも好き

走るって気持ちいい！

まつ毛が結構長いんです

なでられるのも好き

ヒ、ヒ、ヒヒーン！

ご清聴ありがとうございました。

こんなに草があったらうれしいな

ミニチュア・ホースの子ウマです。

草むらでウトウト

草ってどんな味かな

眠くなってきました

だって子ウマは寝るのが仕事

いろんな表情をするんです

なんだって!?

今、呼んだ？

君のこと、ちゃんとわかってるよ

やっぱりかまって〜

今、忙しいの

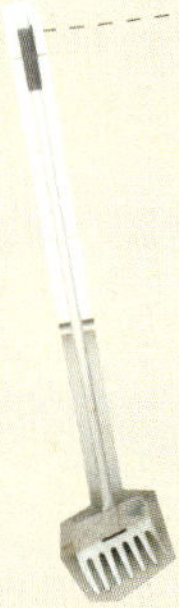

CONTENTS

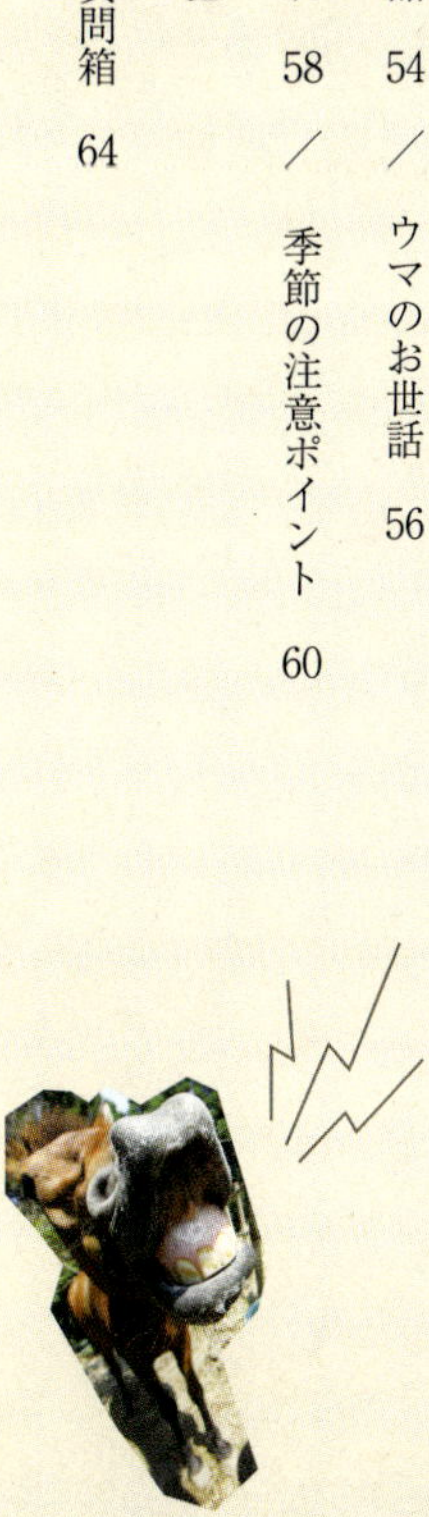

暮らし

一口に小さいウマといっても、その種類はさまざま。そして、飼い方のスタイルもさまざまです。共通しているのは、日々の生活の中心にウマが入ってくるということ。では、実際はどんなものなのか、飼い主さんを訪ねてうかがいました。

飼い主さんを訪ねました

ウマ飼いさんの

Case.1

オーガニックカフェの看板ウマ

静岡県・小山公祐さん・久美子さん

ウマとの暮らしから始まったオーガニックカフェ

静岡県・藤枝市にあるカフェ「ORGANIC STYLE CAFE PONY PONY」。有機野菜やフェアトレードの素材などを使ったおいしいスイーツやランチを提供するオーガニックカフェです。このカフェのもう一つの特色は、お店の名前の通り、本当にポニーがいること。お店の裏庭ではミニチュア・ホースのスコーンちゃんが飼われています。お店に来たお客さんは、スコーンちゃんと触れあったり、窓の外にその姿を見ながらお茶を楽しんだり。小さくて触りやすいので子どもたちにも喜ばれ、スコーンちゃん目当てに訪れる人もいる人気者です。

オーナーの小山公祐さんは以前、ファームステイでニュージーランドの小さな農場に滞在していました。その際、ウマが日本よりも身近な存在で、当然のように庭で小さなポニーやミニチュア・ホースをペットとして飼っている光景を見て、ウマとの暮らしに憧れるようになりました。その後、徐々に準備を進め、約10年後に念願の夢を叶えることになります。店舗兼自宅の今の場所に引越し、知人から譲り受けたミニチュア・ホースを飼い始めました。店名もウマにちなんだものに決め、オーガニックカフェをスタートしました。

「食事だけではなく、ウマを見たり、触れあったりすることで癒される時間も提供したいと思いました」と久美子さん。ウマを飼う際に、単純にペットとして飼うだけではなく、何か役割を持って暮らしに関わってもらいたいと考えていたそうです。

お店の入り口にはポニーのロゴがデザインしたタイルが。

スコーンちゃんは人見知りをせず、初対面の人にもイヌにも堂々と接する性格で、見事に看板ウマの役目を果たしています。

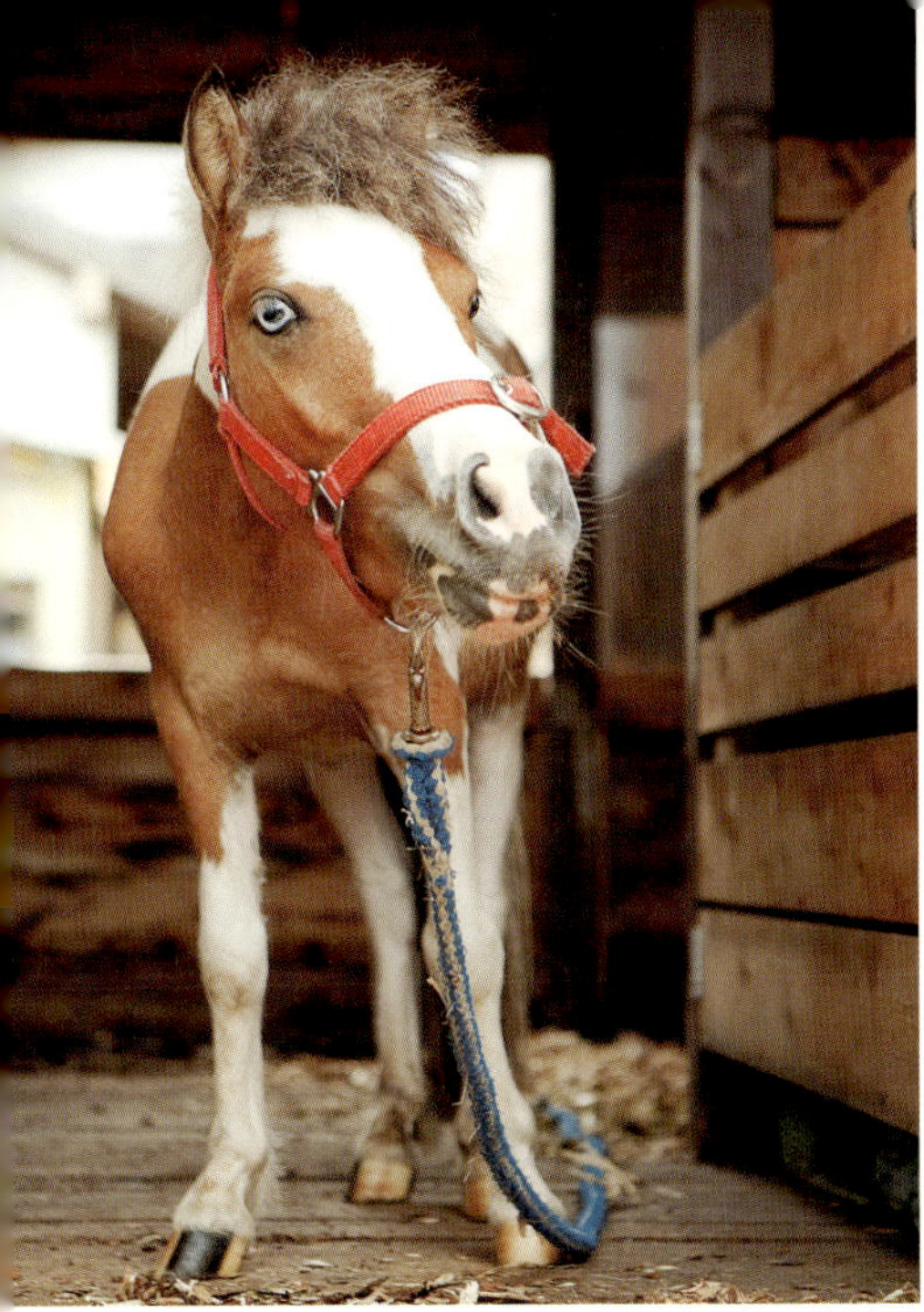

人懐っこい性格のスコーンちゃん。大きな音や車にも物怖じせず、小さなからだながらも、度胸がある。

スコーンちゃんの好物は、おやつに食べている有機栽培の葉つきニンジン。リンゴやブロッコリーも好きなのだとか。

きれいな色の目はスコーンちゃんのチャームポイント。かわいい瞳と仕草に癒されるのだそう。

ニュージーランドで、乗馬やウマと触れあう体験をした公祐さん。今の暮らしの原点ともなる大切な経験となった。

お店のオリジナルクッキーには、ポニーの絵のラベルが。ウマの形や蹄鉄の形をしたタイプも販売している。

窓越しにウマを見ながらコーヒーを飲むのは至福のひと時。ウマを飼ってよかったと思う瞬間でもある。

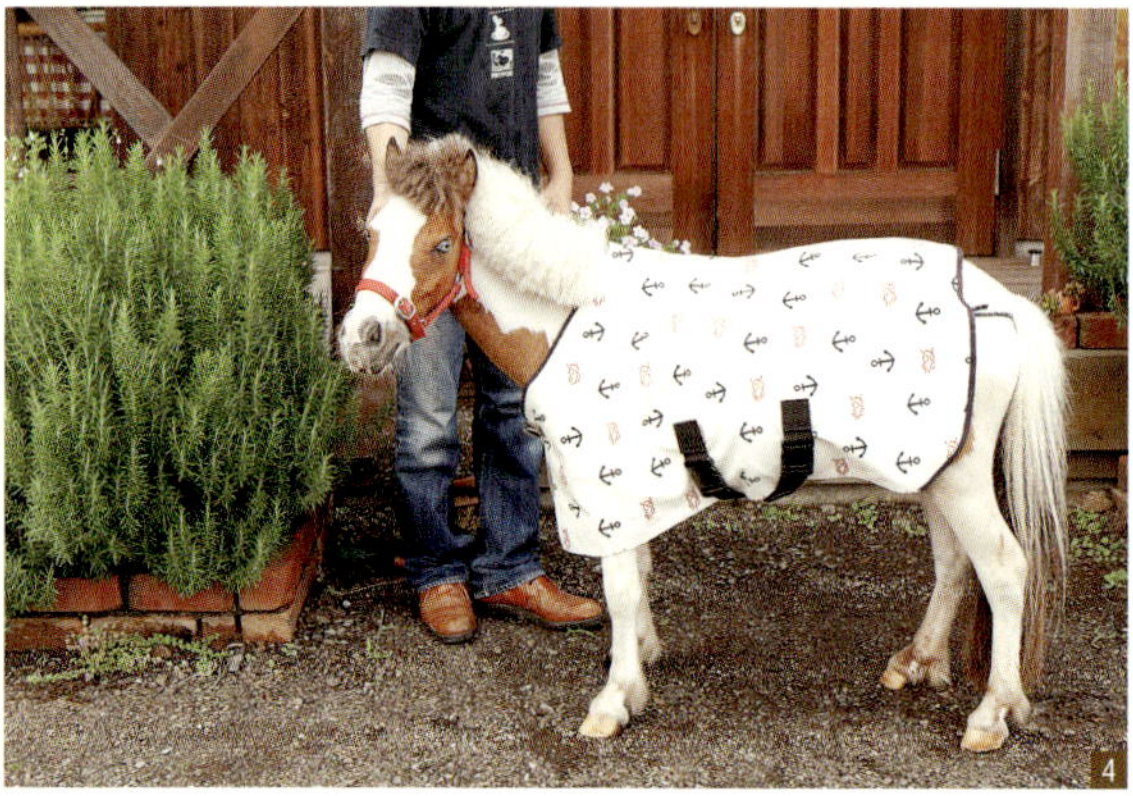

1 スコーンちゃんの散歩に行く時はたいてい久美子さんとふたりで。家の近所を30〜40分歩く。

2 お店横に設置したゲートは金属の棒をずらして開閉するタイプ。

3 散歩から帰ると、まず水分補給。小屋の中で替えてもらったばかりの新鮮な水を飲む。

4 お世話になっている乗馬クラブの方からプレゼントされた手作りの馬着は、特別な日のお出かけ用。

ウエスタン調を意識して小屋の木材はウエスタンレッドシダーを使用。経年変化でグレーに変化していく色合いも味わい深い。

小屋の窓の横にベンチを設置。ここに座って触れあうほか、疝痛を起こした夜には、横になりながらつきっきりで看病をすることも。

小屋の壁面側は収納スペースに。下にエサや敷料、棚板にお手入れ道具や掃除道具、散歩道具を使いやすく配置。

風が強い日や寒い日に扉や窓を閉め切った時でも中の様子がわかるように、強化アクリルの板で窓を設けて。

ウマに触れて、癒される毎日

公祐さんの1日は、朝、スコーンちゃんの小屋掃除とエサやりを行うことから始まります。スコーンちゃんが毎日食べるのは、メインのオーツヘイの乾草に、アルファルファの乾草などをあわせて約3kg。これを、1日4～5回にわけて与えています。午後には、おやつとしてニンジン、キャベツ、大根などの野菜をあげて、時間がある時はさらにブラッシングなどのお手入れ。

「ウマといる時間が最高の癒し」という公祐さんは、特にお手入れをして触れあっている時が楽しく、話しかけながらゆっくりブラッシングをしていると、あっという間に1～2時間過ぎていることもあるのだそう。

散歩に行くのは夕方以降が多く、車通りの少ない道を歩いたり、公園に行ったりしています。車がよく通る道路を横断することもありますが、スコーンちゃんははじめから車を怖がらず、冷静に歩いてくれたそうです。

スコーンちゃんの背に乗せられると、ますますしっぽを振るビンゴくん。スコーンちゃんもその場から動かない。

ミックス犬のビンゴくんとは大の仲良し。ビンゴくんが外にいる時は、一緒に小屋の中で過ごすことが多いのだそう。

普段は室内にいるビンゴくん。スコーンちゃんに会うと一緒に小屋の床に敷かれたウッドチップの臭いをかぐのが日課。

たくさんの人から愛されて

今年で6歳になるスコーンちゃんは、今では家族にとって欠かせない存在に。あまりウマに触れたことがなく、最初は飼うことに驚いたという久美子さんも、今では積極的にお手入れなどのお世話もするようになりました。

「ウマは大きな音を嫌がると聞きますが、スコーンは平気なようです。近くで工事があった時は、さすがに騒音を怖がるのではと心配しました。でも、塀の上から顔を出して楽しそうに工事の様子を見ていたんです」と久美子さん。そのうち、工事の作業員の方たちの間でも人気者になったのだとか。

みんなに愛されるスコーンちゃんですが、大変なのは病気の時。腹痛を起こす疝痛はかかりやすく、徹夜で看病することも。命に関わるので、目が離せないといいます。

「ウマはみんなそうですが、疝痛は起こしやすいので日頃から気をつけて見ています」と公祐さん。家族の愛を一身に受け、スコーンちゃんは今日も多くの人を癒しています。

中学生と小学生のお子さんもスコーンちゃんが大好き。毎日撫でて、時には話を聞いてもらうこともある。

コミュニケーションのためにも行うブラッシング。スコーンちゃんは首の部分をブラッシングされるのが好き。

海外のウマの本、絵画、オブジェ、蹄鉄など、つい集めてしまうというウマグッズのコレクションの一部。

冬の時期に防寒のために着せている馬着。子ウマ用をスコーンちゃんの体に合わせて手直ししたもの。

疝痛対策のために点滴の容器をリメイクして作った浣腸器具。液体を流す勢いを調整できるので重宝しているそう。

疝痛の後に草などの固形物を食べないよう、歩かせる際は、プラスチックの植木鉢に穴をあけ、紐を通したものを口にはめている。

Case.2

家族を癒すミニチュア・ホース

京都府・井口晴代さん・昭彦さん

自宅前の庭に小さな白馬がいる暮らし

緑豊かな住宅街の中、とあるお宅には、庭を囲む白いフェンスからフレンドリーに顔を出す白馬の姿が。ミニチュア・ホースのオーラちゃんです。

2歳で牧場から井口家へやってきたオーラちゃんは、現在10歳。とても優しい性格で、すっかり家族の一員です。

飼い主の井口晴代さんは、乗馬をしていたこともあり、以前からウマが大好きでした。ある日、テレビでミニチュア・ホースの存在を知り、自宅でウマを飼いたいと考えるようになったそうです。インターネットでミニチュア・ホースについて調べ、牧場と何度もやりとりをして、最終的に白馬のオーラちゃんを飼うことに決めました。

「乗馬経験もあったし、牧場の方からいろいろお話を聞いていましたが、飼い始めてみると、改めてウマについて知らないことがたくさんある、と気づきました」。小型のウマといっても、ペットとしてはかなり大型。うまく飼っていけるか不安になることもありました。そこで、ご主人と当時小学生だった娘の知香さんの家族全員で乗馬クラブへ行き、乗馬と乗馬後のお手入れを経験。大きいウマと触れあって帰ってくると、オーラちゃんが小さいことを実感でき、安心してお世話ができるようになったそうです。

晴代さんは毎朝、出勤前に小屋の掃除と水替えをして、チモシー乾草を与えます。お昼には一旦帰宅し、乾草を与えてフンを掃除。夕方にはおやつにニンジンやおからを、そして夜にもう一度乾草を与えています。

おやつの時間が少しでも遅れると、オーラちゃんは玄関のドアを肢で叩いて催促。家族が出入りしていると家の中に入ってこようとすることも。オーラちゃん自身も自分を家族の一員と思っているかのようです。

放牧場の柵の間から顔を出して愛嬌をふりまくオーラちゃん。放牧場の隣に駐車スペースがあるので、晴代さんが外出先から帰ってきた時は、いつもこうして出てきて迎えてくれるそう。

放牧場のオーラちゃん。庭の中で小屋と放牧場を自由に行き来できるが、日中はほとんど放牧場で過ごしている。

散歩でオーラちゃんを外へ出す時のため、フェンスを開閉できるようにして広い出入り口を確保。

家の中の家族におねだりをする時、肢でドアをたたいてノックするので、玄関ドアの下には補強のために板をはっている。

散歩に出かける前に、リードをつなぐための無口を装着する。

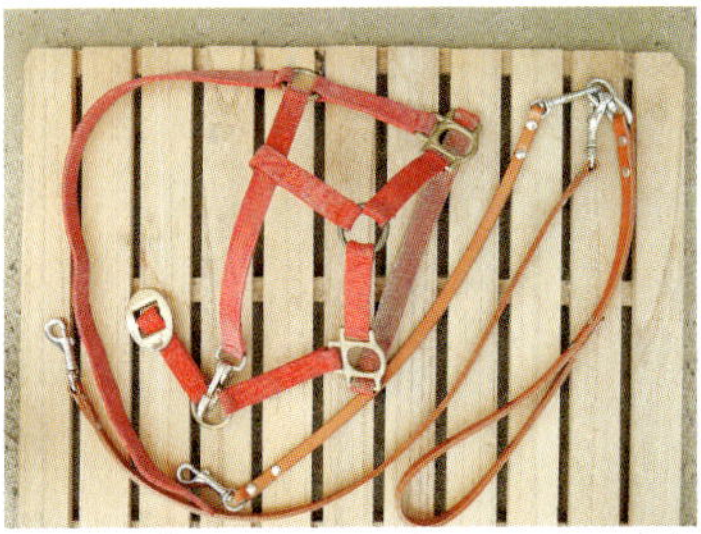

散歩の時に着けているのは、ポニー用の小さめの無口とイヌ用の革製リード。

外に出ると、走り出したくなるオーラちゃん。安全な場所まで声をかけて落ち着かせながら歩く。

接し方に応じた反応が返ってくる

週末は、日頃限られたスペースで生活しているオーラちゃんのために散歩に出かけます。オーラちゃんは途中で草を食べながらのんびりと進みます。お気に入りの場所に近づくと、注意しても走り出してしまうので、散歩に出る時はいつも二人で両側からリードを持ち、オーラちゃんを挟んで歩きます。

今でこそ、家族全員と仲が良いオーラちゃんですが、困ったこともありました。はじめはウマを飼うことに乗り気でなかった昭彦さんは、オーラちゃんがやってきた時、「自分は絶対世話をしない」といったのです。それを聞いたオーラちゃんは突然怒りだし、追いかけて噛みつきました。それまで大人しかったオーラちゃんの変貌に、晴代さんも唖然としたのだとか。それからは、昭彦さんも少しずつお世話に加わり、なるべく触れるよう心がけました。オーラちゃんが昭彦さんにだけ攻撃的な態度をとらなくなるまで、結局1年かかりましたが、その後はほかの家族と同様に優しく接しているそうです。

お散歩中のオーラちゃん。いつもは大人しいものの、大好きな公園が近づくとはしゃいで走り出してしまうこともある。

家族が見守る中、外で自由に草を食べることも。広い場所で離しても、家族の周りから離れていくことはないのだそう。

心の中まで見抜いた行動に驚くことも

晴代さんは今でも深く印象に残っていることがあります。それは、大切にしていた愛犬が亡くなった時のこと。

「とても悲しくて、玄関の前に座り込んで泣いてしまいました。すると、オーちゃんが突然、今まで遊んだことのないおもちゃをくわえて、持ってきたんです」。それは、アレイで遊ぶウマがいることを知った晴代さんが放牧場に置いたもの。オーラちゃんは一度も興味をもたず、そのままになっていたものでした。

「その時はびっくりして、涙も止まりました」。その後もオーラちゃんはずっと側にくっついていたそう。そんな行動をとったのは、その時の一度限り。オーラちゃんが励ましてくれたのだと、晴代さんはいいます。

「ウマのいいところは、存在感が大きく、癒してくれること。そして、長生きしてくれることです。これからもずっと元気でいて欲しいと思います」。その気持ちを受け取ったのか、オーラちゃんはそっと顔をあげて晴代さんの目を見つめていました。

夕方は楽しみにしているおやつの時間。玄関の前でニンジンやオカラをもらうのが日課。

走り回っていい場所でリードを外されると、円を描いて駆け回るオーラちゃん。

時にはまえがみを結んでおしゃれをすることも。毛色に似合うブルーのリボンをほめられて、得意げな様子。

小屋は家族の手作り。夜は小屋の中のワラの上で眠り、トイレは必ず外でするのだとか。

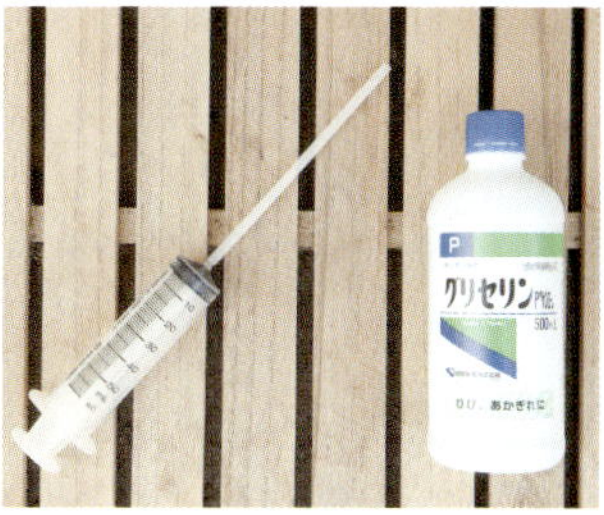

年に数回おこすことがある疝痛の際には、獣医師の指導を受けて作った注射器の先にストローをつけた道具で浣腸をして様子を見る。

小屋の中で、乾草が置かれる場所を見つめながらエサの乾草をおねだり。

玄関脇には血液検査などの際につなぐための杭を設置。

Case.3

在来馬2頭と気ままに乗馬の日々

宮城県・鎌田勝之さん・麻衣子さん

在来馬と出会い、ウマを飼う夢を実現

林に囲まれた放牧場で、もくもくと乾草を食べる2頭のウマ。与那国馬のロクくんと、その息子で母ウマが対州馬のクスオくんです。九州生まれの2頭は、6年前に宮城県の鎌田勝之さんのお宅にやってきました。

子どもの頃からウマが好きで、いつか飼いたいと夢見ていた勝之さん。大学を卒業後、北海道など各地の牧場で働いていたある日、日本在来馬の一つ、与那国馬を飼育している与那国島の牧場の存在を知りました。与那国馬で子どもたちに乗馬をしてもらう牧場の活動に興味を持ち、半年間、ボランティアで滞在。ここで与那国馬のたくましさに魅せられ、飼うなら在来馬、と決めたそうです。

「同じウマでも、サラブレッドは速く走れるウマが多く残っていますが、在来馬の場合は、生命力のある強い個体が残っています。在来馬の方が、家で飼って乗ることに向いているのでは、と思いました」と勝之さん。宮崎県で在来馬を飼っていた友人の好意で2頭を譲り受けました。馬運車を借りて、東北から九州まで、往復で1週間かけてウマを迎えに行ったことは、今も心に残る思い出です。秋の終わりに九州から連れてきたので、寒い冬の間、体調を崩したりしないかと危惧していましたが、そんな心配をよそに、雪が降っても2頭は食欲が衰えることもなく、元気にしていたそう。その後も大きなケガも病気もなく、地域の気候になじんでいるといいます。

「ウマが本来持っている生命力を損ねることのないよう、気を配っています」。晴れていれば昼夜放牧。エサは草を基本に、濃厚飼料はフスマや米ヌカを控えめに与えているそうです。

小屋の中には手作りのネームプレートをディスプレイ。

小屋へ移したり、乗馬をする時は、1頭ずつ畑の横を通って移動。2頭とも大人しくついてくる。

14歳のロクくん（左）と8歳のクスオくん（右）。ロクくんは牡馬（未去勢のオス）で気性が荒いのに対し、去勢していて対州馬の血も入っているクスオくんは穏やかな性格。

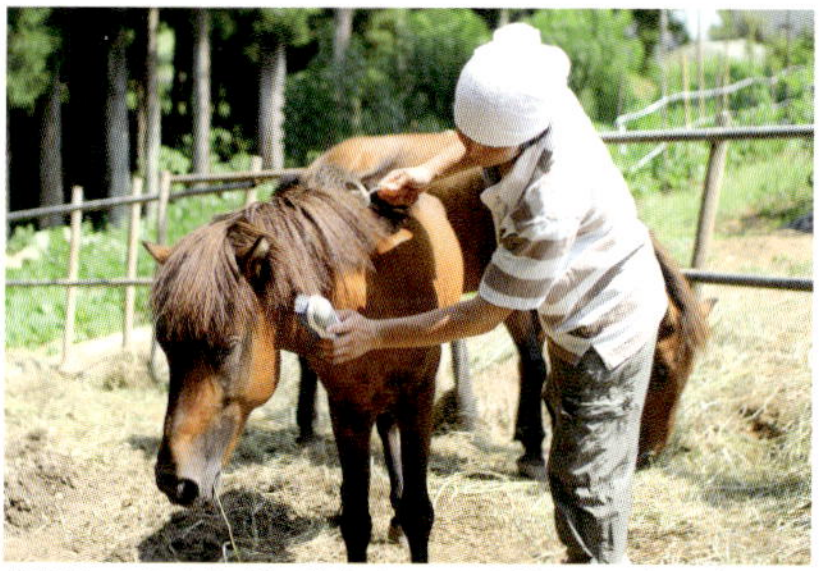

放牧場ではほぼ毎朝、健康チェックも兼ねて丁寧にブラッシング。

エサの時間には柵の外から乾草を与える。子どもたちもウマの様子を見ながら、そっと草を差し出す。

もともとあった物置を改装して作った小屋。右手はロクくん、左手はクスオくんのスペース。

お宅の裏手の畑の一部を牧柵で囲み、放牧場に。毎日、乾草や刈ってきた草を与えている。

干草がやってくると2頭は夢中で食べ始める。購入した乾草より、刈ってきた草を干した自家製の干草、干草より生の草が好まれるそう。

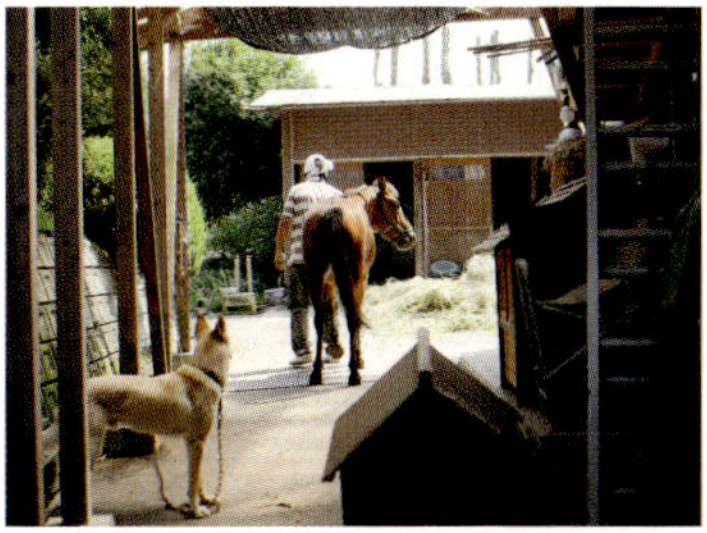

小屋に向かう途中、イヌがいる場所を通過。外でイヌを見て驚かないよう、普段から慣れさせている。

積み上げられた干草の上でゴロゴロ寝転ぶロクくん。干草の上や小屋の中でよくこの行動をとる。

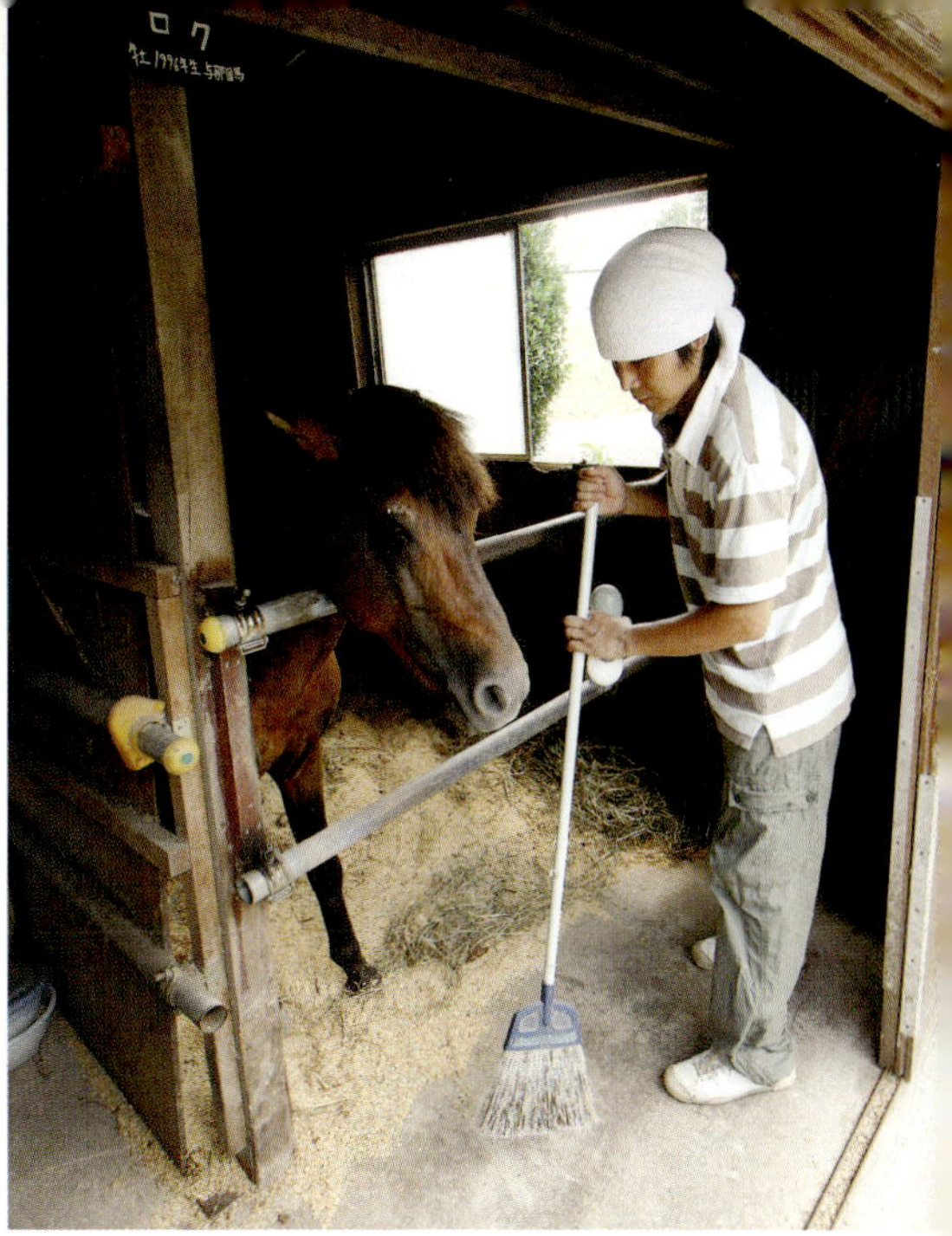

2頭を小屋に入れている時は、夕方、仕事の後に掃除を行っているそう。

ウマから生まれる家族の絆と人の輪

「ウマを飼っていると、毎日、草を刈ってウマにやって、手入れをして、掃除をして……といつも同じ作業の連続。単調な日々ですが、ウマが生活の中に当たり前にいることに憧れていたので、自宅にウマがいるだけで充実しています」という勝之さん。自然が多い近隣の地域でも、今ではウマを飼っている家は珍しい方。２頭はご近所の人気者で、ウマを見に訪れる人もいます。

「ウマを通して、同じウマ好きの友人と出会えて、人とのつながりが生まれるという点でも、ウマがいてよかったと思います」。麻衣子さんとの出会いも以前働いていた牧場で、仲良くなったのはウマがきっかけ。結婚前からウマを飼っていたので、結婚はウマがいることを喜んでもらえる人、と決めていたそうです。同居しているお母様も、始めはウマに驚いていましたが、今ではふたりが不在の日中にエサをあげてサポート。ウマがいることで家族の会話もはずむそうです。

好きな時に好きなウマに乗れる贅沢

休日に時間があれば、ウマに乗って家を出て、川辺や山道でトレッキングを楽しむことも。走ったり、ゆっくり歩いたりしながら、1時間ほど乗馬をして自宅へ戻ります。乗馬クラブのインストラクター経験がある麻衣子さんとふたり、2頭のウマに乗って出かけることも。自宅にいつもウマがいて、乗りたい時に乗れるという理想の暮らしを実現させました。乗馬をしていても、ペース配分を考える計画的なロククんに対して、最初からがんばりすぎて家路に着くころにはバテ気味のクスオくんと、それぞれの個性が表れるそうです。

「ウマがいる環境で子育てをしたかった」という勝之さん。幼い娘さんたちも、短い時間ながら、一緒に乗って乗馬体験をすることもあり、物心ついた時から、ウマになじんでいます。

「将来的には、幼稚園や保育園に連れていき、たくさんの子どもたちに触れあえる機会を提供できればと思っています」。今後もさまざまな夢が広がります。

上／放牧場と小屋の間の屋根があるスペースにウマを繋げるようにして、お手入れや馬装を行う。右／妹の季衣ちゃんも乗馬にチャレンジ。まだ羽衣ちゃんほど慣れないものの、ウマの背の高さや速度にさまざまな発見がある様子。

3歳になる長女の羽衣ちゃんは、ウマに乗ることが大好き。少し載せてもらうと終始笑顔で楽しんでいる。

ご夫婦でウマに乗って家の外を散策。乗馬していても2頭の性格の違いが現れ、ウマのことがよりわかるのだそう。

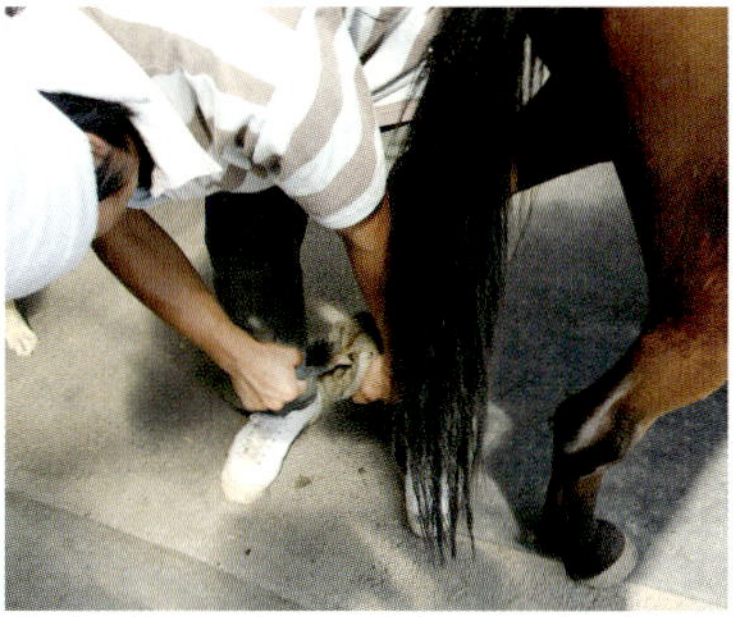

乗馬前と後には、裏掘りと呼ばれる蹄の裏に詰まったゴミを取り除く作業を行う。

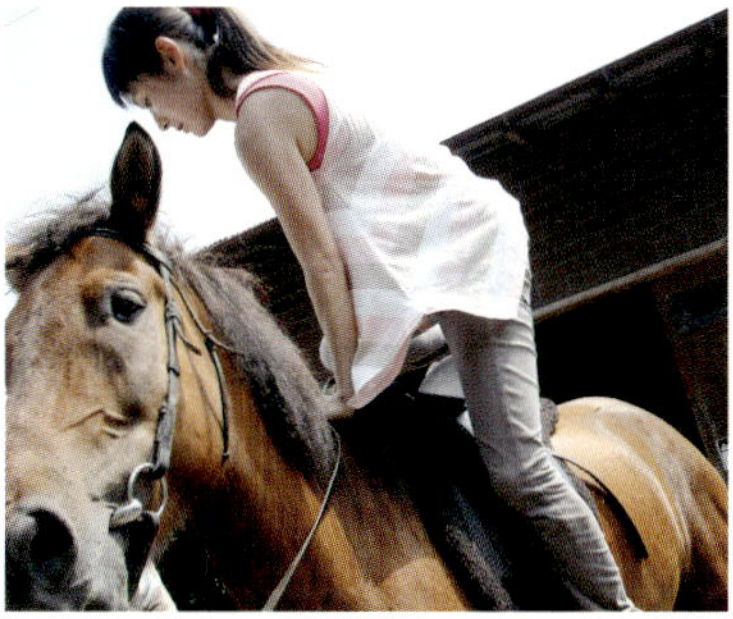

乗馬の際に、サラブレッドのように台がなくても直接乗れることも、体高の低いウマのメリット。

道路に出る前に、ガレージの前でウォーミングアップ。自宅前にウマがいることが鎌田家の日常風景。

乗馬の際の鞍は、軽くて手入れもしやすいビニール製を使用。

削蹄は2～3ヶ月に1度を目安に装蹄師に来てもらう。その間に伸びた時は専用の道具で自ら行うことも。

Case.4

草原にポニーの群れがいる牧場

栃木県・柳沢秀一さん・良子さん

アメリカの牧場の放牧スタイルを再現

南那須で酪農をメインに、ブルーベリー、サフラン、サンショウ、イチジクを生産している志鳥牧場。オーナーの柳沢秀一さんは、「ウシを狭いところに閉じ込める酪農ではなく、自由に過ごせる環境でやりたい」と、広大な放牧場でウシを放牧飼育しています。ウシがそれぞれ自由に過ごす放牧場の中には、ポニーの姿も。同じ敷地内で10頭のポニーを飼育しているのです。ポニーたちは牧場の産業には関係なく、放牧地の中で自由に暮らしています。

ポニーを飼い始めたのは、「牧場には、ウマがいるものだと思っていた」という理由から。柳沢さんは牧場を始める以前は、仕事でアメリカの農場に滞在し、現地の牧場をいくつも見てきました。実際、アメリカの牧場でも現在ではウマが働く機会はあまりありませんが、どこの牧場でもウマを飼って乗馬をしたり、ペットとして大切にしたりしている光景を見かけたといいます。そこで、35年前に牧場を始めた時からポニーを飼い続け、現在は今年生まれた子ウマ1頭を含めて全部で11頭を飼っています。

ポニーの飼育方法は昼夜放牧するスタイル。朝は牛舎の近くに集まっているので、そこで毎日乾草と少量のヘイ・キューブを与えて、健康チェック。エサを食べ終えると、ポニーはそれぞれ好きな場所で草を食べ、午後には昼寝をしたり、群れの仲間同士で遊んだりと、自由に過ごします。夕方、2度目のエサの時間になると再び牛舎の近くに集まり、乾草と野菜やオカラを食べます。夜間もポニーは外で過ごし、林の中で雨風を避けて寝ていることが多いといいます。

道路沿いの直売所では、ブルーベリーや野菜を販売。初夏にはブルーベリー摘みもできる。

放牧場で自由に草を食べるポニーたち。放牧地にはイネ科の牧草の種を撒いているそう。フンはそのまま草の肥料になって放牧地の中で循環している。

日当たりのいい牛舎の前で日向ぼっこをするポニーたち。暑い時でも日中はこうして日を浴びているのだそう。

ウシとポニーが一緒にいるのが日常の光景。ポニーたちはウシの周りを囲んで行動することもあり、守っているように見える。

直売所前の馬車のオブジェがあるスペースは放牧場と繫がっていて、時々ポニーもここに顔を出す。

牧場内には現地から素材を輸入して「大草原の小さな家」の作者・ローラの生家を再現したログハウスもある。

秀一さんとウランちゃん（右）とアポロンくん（左）。放牧場に足を踏み入れると、ポニーの方から近寄ってくる。

放牧場に隣接する自宅の前にポニーが来ることもあり、「はじめは驚いたけれど、今はウマの姿に癒されています。」と良子さん。

3歳のアルテミスくん（左）と生後11ヵ月のアトムくん（右）。よく一緒に行動している仲良し同士。

ポニーのほかに、ニワトリ、ヤギ、ミニブタ、ネコと牧場にはさまざまな仲間が。

オスの太郎くん。気性が荒いので、柵に囲まれた場所に1頭で過ごしている。

放牧場に設置された日除け。ポニーたちは好んで日なたにいることが多いそう。

ポニーが自然に過ごす姿に癒されて

ポニーの名前に多いのは、マルク、リラ、フラン、ドルと各国の通貨にちなんだもの。お金が入るようにとの願いを込めて命名したそうです。

「結局、お金を運んでくれることはないけど、でも愚痴は聞いてくれますよ」と笑って話す柳沢さん。ポニーたちは、撫でながら話しかけるとじっとその場に立ったまま耳を傾け、時々、慰めてくれているように顔を舐めてくるのだとか。触れあうだけでなく、ポニーたちが草原の自然の中でのびのびと暮らす姿を見ているだけでも癒されるといいます。

何頭も飼っていると、ポニーそれぞれに群れの役割や、性格の違いが見えてくるそうです。オスは時々、ケンカをして群れのリーダーの座を争うことも。ケガをすることもあるので、ケンカがひどい時はオスを隔離しています。

群れの中には、野犬を追い払ったり、初めて来た人を最初に偵察に行く役割をするポニーも。明確な序列はありませんが、年上のポニーには道を譲る場面もあるそうです。

撮影したウマの写真は、カレンダーやフォトブックにも。雪景色の中に佇む姿や池で泳ぐ姿など、年間を通した風景が納められている。

手作りも好きな寺内さんは、ウマモチーフのストラップも作成。寺内さんのウマ雑貨は牧場の直売所で販売もしている。

ほぼ毎週、ウマの様子を見に訪れる寺内さん。草や野菜などお土産を持参してウマと触れ合い、写真を撮ることも欠かさない。

ポニーの姿に魅せられたウマ仲間も

牧場には、ウマが好きな仲間も訪れます。乗馬経験が豊富で大のウマ好きの寺内さんは、毎週末、ポニーたちの様子を見に来ています。4年前、通りがかりに直売所を見つけて寄ったところ、放牧場でポニーが飼われていることを知り、それ以来通い続けているそうです。

ポニーたちへ野菜を持っていったり、体を拭いてあげたり。ポニーも寺内さんが来ると近寄ってきてあいさつ。アトム、ウラン、アポロン、アルテミスと、子ウマの命名もしてきました。自分で名付けたウマには愛情もひとしお。成長の記録を写真に撮り始め、牧場の様子を綴ったブログも作りました。

「こんなにウマが自由に暮らしているところを見たことがなかったので驚きました。自然の四季の変化と一緒に、たくましく生きるポニーたちの姿を今後も記録していこうと思っています」と寺内さん。ポニーが自然体で暮らす牧場は、人が自然に集まる場所にもなっています。

小さなウマ飼いへの道

～入門編～

小さなウマの魅力

小さなウマはどんなウマ？

一般に、体高が１４８cm以下のウマを総称してポニーと呼びます。シェトランド・ポニーやファラベラ、アメリカン・ミニチュア・ホース、日本在来馬など、その種類はさまざま。このうち、ファラベラなど特に小さいサイズのポニーがミニチュア・ホース、スモール・ホースと呼ばれています。この本では、これらの小型のウマについて紹介します。

小型といっても、品種によってはそれなりに大きくなります。とはいえ、競走馬や乗用馬としてよく見かけるサラブレッドなどと比べると小柄なため、比較的扱いやすく、個人でウマを飼いたい、と思っている人にとってはうってつけでしょう。普通のウマとの違いは大きさだけではありません。ウマにとって、肢は弱点といわれますが、小型のウマは大型のウマと比べて肢が太く丈夫で、トラブルは比較的少なくなっ

ています。性格も小型のウマは全体的に温厚といわれ、この点でも、家庭で飼うなら小型のウマが適しているといえるでしょう。

ウマならではの癒しがある

ウマが草原で草を食んでいる姿や走るウマののびやかな姿は、ウマ好きなら見ているだけで癒される光景です。でも、見た目がきれいなだけではありません。ウマはとても頭がよく、よく世話をしてくれる人、嫌なことをした人を覚えます。そして人の感情を理解し、人を癒すこともあるといわれています。障害者乗馬やホースセラピーは、単に乗馬で運動機能を鍛えるだけでなく、ウマが人を癒す力を持っているからこそ、行われているのです。

子どもに対してもやさしいウマは情操教育にも適しています。ミニチュア・ホースなら、リードをつけて一緒に散歩をすることもできます。また、フンは野菜や花の肥料として利用することができるので、無駄がありません。

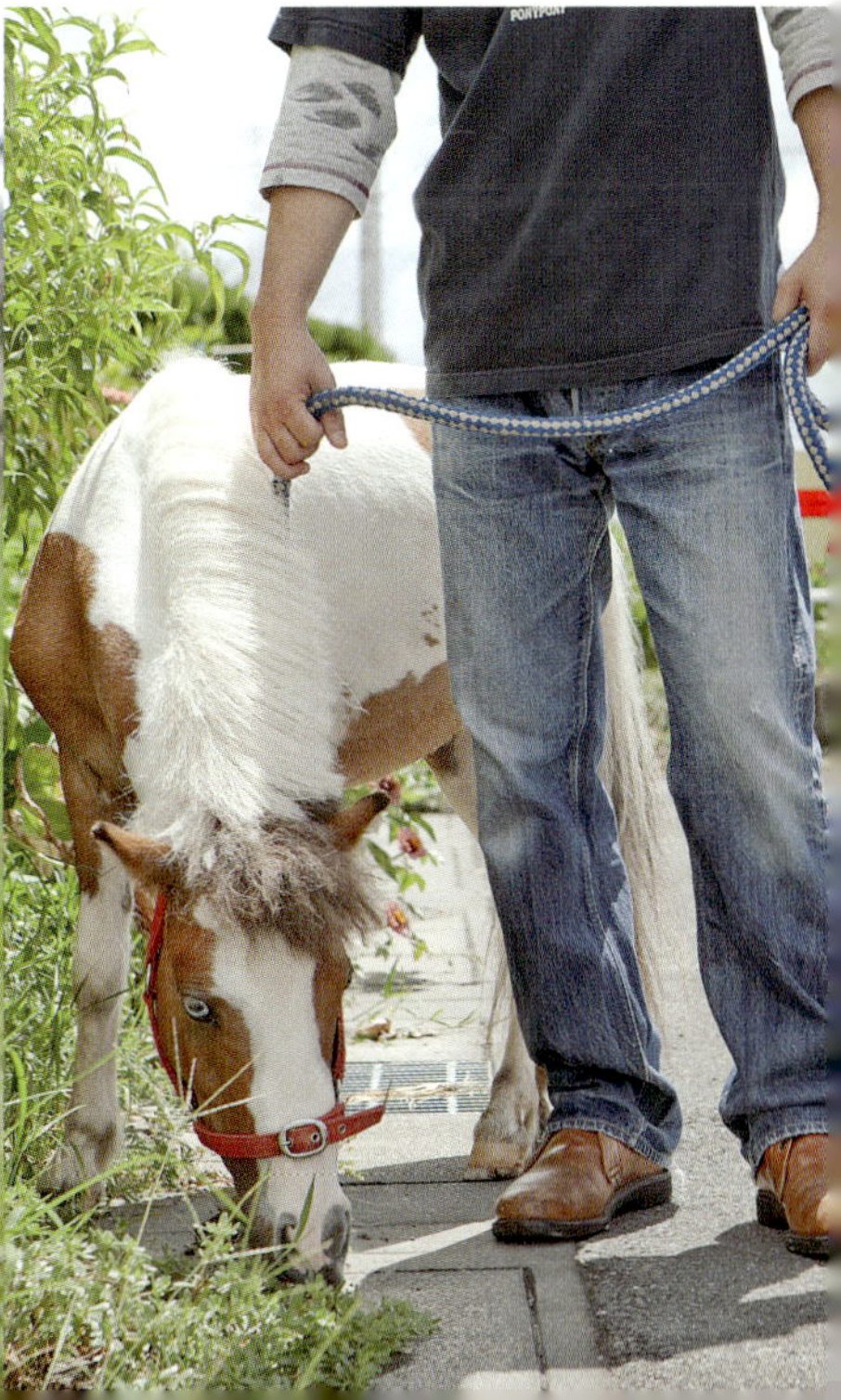

ウマを飼う準備

小さくてもウマを飼うという心がまえを

ウマを飼いたいと思ったら、まず飼育に充分な広さの場所が必要になります。そして、ウマの世話はほかの動物と比べてはるかに重労働です。いくら小さいといっても、ウマを飼うことに変わりはありません。ウマが本気で抵抗すると大人1人の力ではどうにもなりませんし、ケガをする可能性もあります。ウマは約20〜30年生きるといわれています。この間、継続的に世話をできるかが重要になります。そして、ある程度経済的な負担もあることも考えておきましょう。大まかな目安としては、エサ代に月約5000円、2〜3ヶ月に一度行う削蹄（伸びすぎた蹄を切ること）に4000円〜1万円、年2〜3回行うワクチンに約1万5000円かかります。また、地域によっては家畜保健所に届出が必要な場合があるので、確認しておきましょう。

快適に飼える飼育環境を用意する

ウマを飼うには、小屋のほかに、運動させる放牧場が必要です。小屋の広さはポニーの場合は約3.6m×3.6m、ミニチュア・ホースの場合は約1.5m×1.8mくらいで構いませんが、放牧場は広ければ広いほどいいものです。ミニチュア・ホースの場合は、それほど広い放牧場がなくても大丈夫ですが、運動スペースが狭ければ時々広い場所に連れて行って放牧したり、散歩をさせたりすることが必要になります。

ウマは大きな音が苦手なので、小屋や放牧場は車や人通りが少ないなるべく静かな環境に用意しましょう。

また、ウマは新鮮な草を食べるのが大好きです。放牧地に草が生えていれば理想的ですが、そうでない場合は草のあるところに連れていくか、飼い主さんが草を刈ってくる必要があります。

ウマに関する知識を深めておく

ウマはとても繊細な動物で、エサを与える際のちょっとした配慮不足や日頃の蹄の手入れを怠ることが、命に関わる病気に発展します。ウマの命を預かる飼い主の責任として、まずはウマのことをよく知ることから始めましょう。

ウマが好きでも、ウマのことをよく知らないと思ったら、百聞は一見にしかず。まずは乗馬クラブや牧場で実際にウマに触れ、世話を経験してみましょう。クラブによりますが、乗馬クラブではウマとの絆を深めるために、乗馬だけでなく乗馬後のお手入れも会員が行うところがほとんどです。体験乗馬、見学もできるので一度足を運んでみましょう。また、乗馬と宿泊がセットになったファームステイができる牧場でも、お手入れや世話を体験することができます。

また、ウマに関係する法律もいくつかあり、届出が必要な伝染病もあります。これらの情報は飼い始めてからも重要なことなので、飼う前にウマに関する知識をしっかり得ておきましょう。

獣医師、装蹄師を見つけておく

ウマを飼う前に、必ず診断してもらえる獣医師を探しておきましょう。ウマは疝痛などのかかりやすい病気が命取りになってしまうので、何かあってから探すようでは遅いのです。ウマの診療は家畜専門の獣医師か、競馬場が近ければウマ専門の獣医師にお願いできるかもしれません。また、ウマは定期的に削蹄をして、蹄鉄を付け替える必要があります。この作業は、装蹄師と呼ばれる専門家が行います。ウマを購入するところで紹介してもらうか、ウマを飼っている人や施設に聞くなどして、必ず見つけておいてください。

ウマのからだ

ウマの体は早く走るのに適した構造をしています。心臓が大きく、長距離を走ることを可能にしています。
ウマにはウマ独特の体の名称もあるので覚えておきましょう。

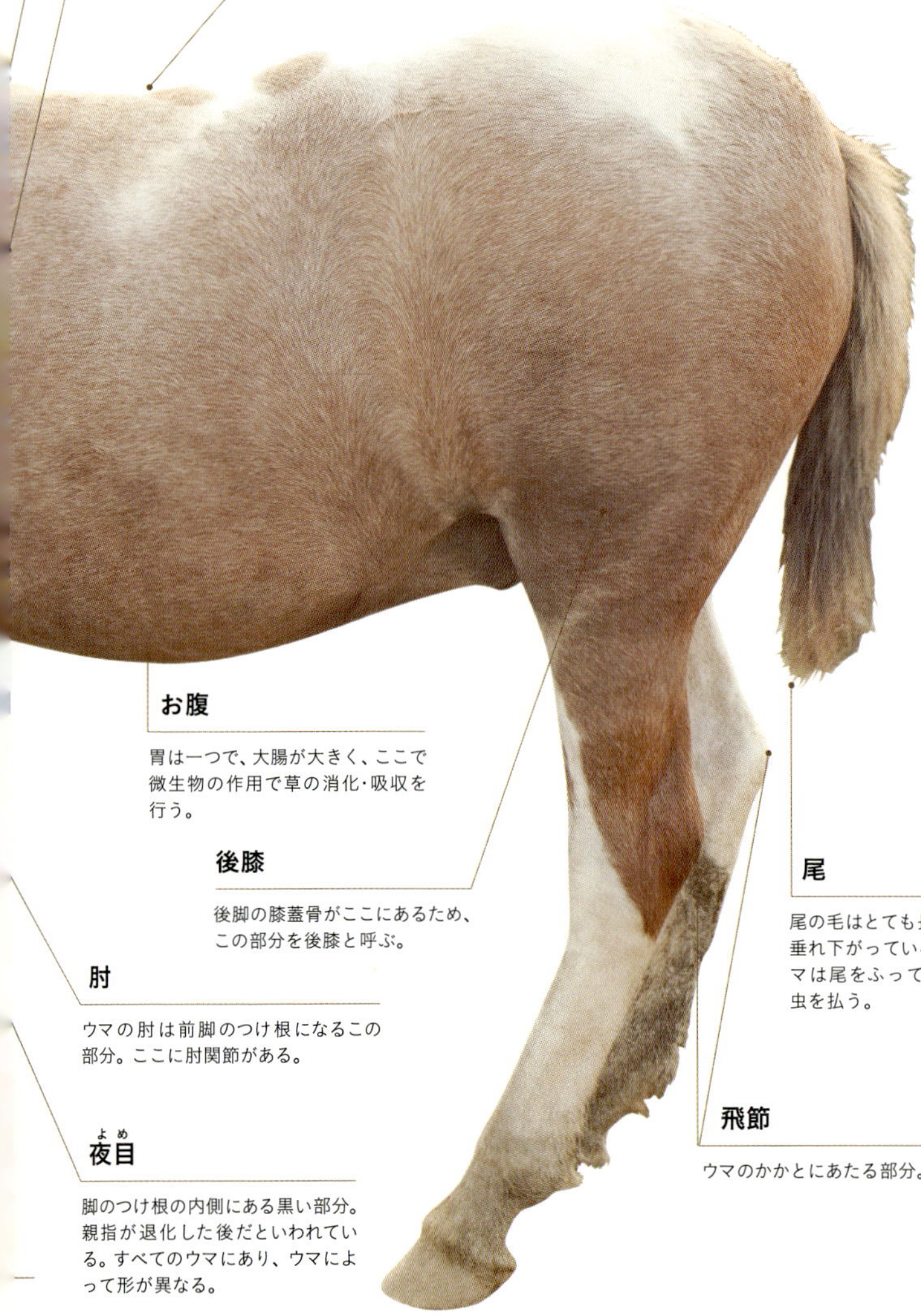

キコウ

背中と首の間にある、少し盛り上がっている部分。

背

お腹の真上がウマの背にあたる部分。乗馬用の鞍を置くところ。

体高

キコウのいちばん高い部分から地面に下ろした垂線の距離。

お腹

胃は一つで、大腸が大きく、ここで微生物の作用で草の消化・吸収を行う。

後膝

後脚の膝蓋骨がここにあるため、この部分を後膝と呼ぶ。

肘

ウマの肘は前脚のつけ根になるこの部分。ここに肘関節がある。

夜目《よめ》

脚のつけ根の内側にある黒い部分。親指が退化した後だといわれている。すべてのウマにあり、ウマによって形が異なる。

尾

尾の毛はとても長く、蹄まで垂れ下がっていることも。ウマは尾をふって体に集まる虫を払う。

飛節

ウマのかかとにあたる部分。

耳

左右それぞれ自由に動かして音源に向けることができる。耳を向けている方向に、ウマは注意を払っている。

たてがみ

後頭部から首のつけ根にかけて生えている長い毛。ウマの特徴的な部分のひとつ。

まえがみ

耳の間から顔に流れるように生えている毛。

眼

視野が広く、330～350度を見渡せる。色は黄色、緑、青を知覚でき、赤は弱いといわれる。

口

歯の並びが手綱をつけるハミを装着しやすい構造になっている。口のまわりの毛は触毛と呼ばれ、ネコのヒゲにあたる部分。ここで近くのものを感じとるので切らないようにする。

肩

ウマの肩はこの部分。肩甲骨があるところになる。

前膝

前脚の膝をこのように呼んでいる。ヒトでいうと手首にあたる。

蹄

寄蹄目のウマの脚の先には一つの蹄があり、中指が進化したものであり一本指で体を支えているような形になっている。

フン

通称「ボロ」と呼ばれる。ウマは1日に6～10回排便する。地面に落ちると割れてしまうのが健康なフン。

ウマの一生

ウマの年齢の数え方

ウマの年齢は、数え年で数えます。春に生まれた子ウマは当歳《とうさい》と呼ばれ、翌年の1月1日で1歳に。その後、次の年の1月1日で2歳、その次の年に3歳……と歳を重ねていきます。以前は、当歳の次の1月1日から「明け2歳」と呼び、次の1月1日で3歳……としていました。この数え方の場合、明け2歳でまだ生後8ヶ月という場合もあります。数え年でない海外の表記とも誤差が激しいので、平成13年に改訂されました。

ウマの年齢は、4倍にすると人の年齢に相当するといわれています。2歳のウマは人間の8歳、5歳は人間の20歳、20歳なら80歳にあたります。ウマの寿命は、約20〜30年。長く生きた場合、40歳まで生きることもあるそうです。ギネスブックに記録されている最高齢のウマは、イギリスのウマでなんと62歳。日本でも、35〜36歳まで生きた長寿のウマが何頭かいます。

また、ウマの歯は、年齢ごとに変化し続けるので、年がわからないウマは、歯を見るとある程度わかるようになっています。

子ウマの成長

子ウマは、主に春に生まれます。ウマの妊娠期間は300〜365日。生まれた子ウマは生後1時間以内に自力で立ち上がり、母乳を飲み始めます。その後、数日間母親と一緒に小屋の中で過ごし、10日ごろから放牧場に出るように。子ウマのうちは、立ったままではなく横になった姿勢で睡眠をとります。徐々に草も食べるようになり、生後半年で離乳して母親と離れます。この頃から、人に慣れるように訓練された後、ペットとして販売され始めます。体の大きさは約1年でほぼ大人の大きさになりますが、その後も骨は成長し、5〜6歳で成長が止まります。

誕生

お腹の中で充分に成長してから生まれるので、生後1時間以内で自分の脚で立ち上がり、2時間以内に母親から母乳を飲み始める。

生後5～6ヶ月

少しずつ草を食べるようになり、このころに完全に離乳。育成期と呼ばれる時期に入る。母親と離れ、子ウマだけで育てられる。

生後1年6ヶ月～2年

ほぼ大人のウマの姿になり、オス、メスともに生後2年ごろから繁殖が可能になる。

3～4歳

体は大きくなっているが、骨はまだ成長している途中。

5～6歳

5歳でほとんどの骨の成長が完了するものの、一部の骨の成長は6歳まで続く。

15歳～

老齢期は、歯が長くなり、背中がくぼむこともある。健康チェックを念入りにし、適切なケアが必要。

ウマが食べるもの

草を主体に、濃厚飼料や野菜は補助飼料に

ウマのエサは大きく粗飼料《そしりょう》（牧草類）と、濃厚飼料《のうこうしりょう》（穀類、配合飼料など）に分けられます。運動量が多い競走馬や乗用馬の場合は、繊維が多い粗飼料に加えて、嗜好性が高く栄養豊富な濃厚飼料を少量与えています。さらに、サプリメントや黒蜜、アマニ粕など油脂類を加えることも。ただし、これはあくまで運動量が多いウマの話。ペットのウマは太りやすい傾向にあります。充分に草があるところで放牧できるなら、濃厚飼料は必要ありません。草を食べさせるほかに、乾草を与え、塩分などの補給にミネラル塩をおけば充分といえるでしょう。

また、ウマは甘くて固いものが大好き。角砂糖やアイスキャンデーも喜んで食べます。ただし、これらも健康上の理由から、小さなウマには与えることを控え、日頃のおやつやごほうびはニンジンやリンゴか少量の濃厚飼料にしておきましょう。

青草

生の草や牧草。乾草やほかの飼料で栄養は補えるが、地面から直接草を食べるのがウマの本来の食べ方なので、なるべく自由に食べられるようにする。毒があるものはウマ自身が避けて食べているが、農薬や除草剤には飼い主が注意をする。

乾草

牧草を干して乾燥させたもの。生の草より栄養分が高く、ウマにとって良質なタンパク質やミネラル、ビタミンが含まれている。イネ科のイタリアンライグラス、チモシーやマメ科のアルファルファ（ルーサン）、クローバーなどが販売されている。

エンバク
よくウマに与えられている穀類。栄養価が高いうえ、ほかの穀類と比べて繊維含量が高く、ウマも好んで食べる。

ヘイキューブ
刈った青草を乾燥させてキューブ状に圧縮したもの。与え過ぎは蹄葉炎の原因になるので注意。

オオムギ
エネルギー、繊維含量がトウモロコシとエンバクの中間にあたる穀類。与え過ぎは禁物。

トウモロコシ
家畜のエサとして一般的で入手しやすいが繊維含量は低い。与えすぎると疝痛や蹄葉炎などの病気を引き起こす。

配合飼料（ペレット）
競走馬用や繁殖牝馬用などいろいろなタイプが販売されているが、ペットのウマには栄養過多で不向き。

フスマ
エネルギー含量は低いものの、良質のタンパク質を含み繊維含量も高い。ウマの濃厚飼料としてよく利用される。

ミネラル塩
ウマに必要な塩分やミネラルをブロック状に固めた鉱塩や岩塩を小屋に置いて自由に舐められるようにする。

野菜、果物
主にニンジンやリンゴ。小さくカットして与える。食道梗塞の原因になりやすいので、十分な注意が必要。

ウマのおうち

休むための小屋と運動できる放牧場が必要

ウマのためには、できる限り広い環境を用意することが理想です。小屋は最低3.6×3.6m以上、放牧場は5×10m以上用意しましょう。ミニチュア・ホースの場合は、最低2畳分以上の小屋に、10坪以上の放牧スペースがあれば大丈夫です。これは最低の面積で、広ければ広いほど、ウマのストレスは軽減されます。ウマは寒さに強く、暑さに弱いといわれますが、ミニチュア・ホースほど小さなウマは寒さも苦手です。温暖な地域では涼しい場所、寒冷地では暖かい場所と、一番過ごしやすいところに小屋を設置してください。

水桶

水は毎日取り替え、水桶が汚れたらきれいに洗い、清潔な水が飲めるようにする。

ミネラル塩

ミネラル塩は、フンや尿で汚れないようにケースに入れ、壁や入り口などにかけておく。

放牧場

牧柵（木柵、鉄柵、電気柵など）で囲み、水飲み場と、雨や風を避けられる場所を用意する。草がなければ、乾草をおいておく。

飼い桶

乾草を入れるための桶。入り口の近くにおくと管理しやすい。桶のほかに、カゴや網のタイプもある。

入り口

風通しをよくするために、入り口の面積は大きくとっておく。

窓

寒冷地では、冬場にすき間風で寒くならないよう壁にすき間を作らず、開閉可能な窓を設置して風通しを調整する。

外観

海外では立派な外観の小屋が多く見られる。小屋に愛着がわくように、素材や色などをこだわってみては。

照明

何かあった時、夜間でもウマの様子が見られるように、小屋に照明をとりつけておく。

壁

板張りなどにしてすき間を設け、風通しがよくなる工夫を。

床

コンクリートや板張りなどで、掃除がしやすいように。コンクリートが冷たい場合はゴムマットを敷いても。ワラやおがくずなどを敷き詰めておく。

ウマの飼育用品

ウマの飼育用品やお手入れ道具は乗馬用品店で手に入ります。家の近くにない場合は、インターネットで通信販売もされています。

必要な 飼育用品

飼い桶、水桶

ウマ専用のものが販売されているが、バケツやプラ舟などで代用しても。軽くて洗いやすいプラスチックやゴム製がベスト。

無口《むくち》（ホルター）

引き手をつけるために顔に装着する。ポニー用のサイズを用意する。革製、ナイロン製など素材や色、デザインはさまざま。

掃除道具

スコップ、ホウキ、フォークなど、小屋を掃除するための道具も用意しておく。「ボロ取り」というフンをとりやすい専用の道具もある。

敷料《しきりょう》

稲ワラ、おがくずなど。小屋の床全体に敷いておく。細かく刻んだ新聞紙などで代用することもできる。

引き手（リード）

先端のナスカンを無口の金具にとりつけて、ウマを放牧場に出す時や散歩させる時、つないでおく時に使用する。

必要な お手入れ道具

仕上げブラシ

根ブラシの後に使う仕上げ用の毛の短いブラシ。毛の硬さはさまざまなので、敏感なウマにはやわらかいものを。

水ブラシ

水で少し湿らせて、落ちにくい汚れを落としたり、たてがみや尾のお手入れの仕上げに使うブラシ。

根ブラシ

ウマの体表についたホコリや泥汚れ、フケ、抜け毛など、大きな汚れを取り除く毛の長いブラシ。

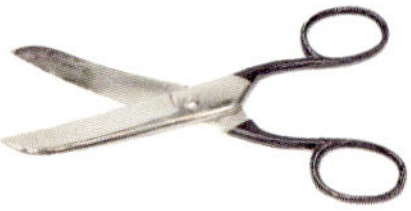

はさみ

たてがみや尾の余分な毛をカットするために使用する。ウマ用の先が丸いタイプが安心。そのほか、ウマ用のすきばさみやバリカンもある。

鉄爪（てっぴ）

蹄の裏に詰まった土やワラなどの汚れを落とすために使用する。裏掘り、フーフピックともいう。ブラシがついたものや、折りたたみ式、金属部分だけのものなど、さまざまなタイプがある。

金グシ

仕上げブラシとこすり合わせ、ブラシについた毛を落とすために使用する。

あると便利なもの

馬着《ばちゃく》
主に防寒のために着用させる。移動の際に、馬体を傷つけないために着せることも。汗を吸うものや、虫除けになるものもある。

プラスチックブラシ、ゴムブラシ
泥などウマの体にこびりついた汚れを落とすためのブラシ。プラスチックブラシは水洗いする時、ゴムブラシはマッサージする時にも使える。

蹄油《ていゆ》
蹄をきれいに見せたり、蹄の乾燥を防ぐために塗るオイル。きれいにして適度に乾いた蹄にハケで塗布する。

フェイスブラシ
ブラシを嫌うウマの顔を手入れする時に使うブラシ。やわらかい毛のものとゴムタイプのものがある。

水切り
洗った後の馬体の水を切り、速く乾かすために使用する。

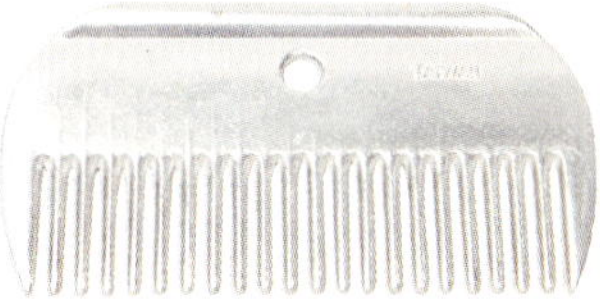

アルミクシ
たてがみやまえがみ、尾をとかすためのクシ。たてがみを抜いてすく時にも使用する。

保革油
無口やリードなど、革製品のお手入れ用にあると便利。

虫除け
虫が集まりやすい時は、ウマ専用のものや、蚊取り線香、つり下げタイプの屋外用の虫除けなどを用意しておくと便利。

ウマのお世話

毎日決まった時間に作業を

ウマの健康を保つには、何よりも毎日、きちんとお世話することが大切です。基本的な作業は、小屋の掃除、エサやり、放牧場の掃除、そしてお手入れと健康チェックです。ウマにストレスをかけないよう、毎日の世話は規則正しく行ないましょう。特にエサの時間は必ず守り、小屋も1日に最低1度は掃除するようにします。雨の日や病気の時など、ウマが1日中小屋にいる時は、できれば日に3回、汚れた敷料を取り除き、清潔に保ちましょう。スケジュールを変えたい場合も、急に変更するのではなく、徐々に時間をずらすようにしてください。

小屋の掃除は丁寧に行うことが基本です。掃除が行き届いていないと、ウマが汚れるだけでなく、フンや尿からでるアンモニアや、空気中のカビやホコリが呼吸器系の病気の原因になるほか、汚い湿った床が肢や蹄の病気の原因になります。毎日余裕を持って丁寧に掃除できるように、小屋の作りを工夫し、使いやすい掃除道具を揃えましょう。日々の作業としては、敷料の汚れた部分だけを取り除き、敷料を追加しておきます。そして週に1度を目安に、床が汚れたら水洗いをします。水洗いの後はよく水気をきって、小屋のドアや窓をあけて完全に乾いてから、新しい敷料を敷いてください。

毎日の触れ合いと健康チェックも欠かさずに

毎日の世話と並行して、健康チェックも必ず行いましょう。日頃から全身をチェックしておくことで、異常があった場合もすぐに気づくことができるのです。

また、ウマは群れで行動する動物なので、仲間とのつながりを感じることで安心します。忙しい時でも、ウマと接する時間を作り、1日に1回は触れてあげることが必要です。

毎日のお世話

1日の世話の基本的な流れをご紹介します。毎日の作業なので、飼い主さんが行いやすいよう、環境に合わせて効率のよい順で行ってください。

1 放牧場へ出す

朝、馬小屋からウマを出して、放牧場へ移動させます。

2 小屋掃除

フンや尿と一緒に汚れた敷料を取り除きます。ワラに隠れて見えない部分を残さないよう、フォークできれいなワラだけ一度どけるなどして、丁寧に。

3 小屋の中のセット

新しい敷料を追加します。ウマが横になった時に地面に触れないよう、充分な量を敷きましょう。水桶の水も換えておきます。

4 エサの準備

放牧場から小屋へ戻す前に、エサを準備しておきます。乾草を飼い桶にセットし、ほかに与えるエサがあれば、用意します。

5 お手入れ、健康チェック

小屋に戻す前に、ブラッシングなどのお手入れをします。お手入れは特に汚れていなければ、毎日必要ではありませんが、健康チェックは欠かさず行います（詳細は114ページ）。

6 放牧場の掃除

放牧場に落ちたフンや、乾草の食べ残しを掃除します。この時、ウマを傷つける石やゴミが落ちていないか、確認しておきましょう。余裕があれば、ウマが食べない有毒な草も抜いておきます。

ウマのお手入れ

すべてのウマに必要な蹄のお手入れ

ウマの蹄の裏にはくぼみがあり、土やワラ、フンなどの汚れが詰まります。詰まった異物を放置すると、蹄が割れたり変形したり、蹄底が腐る病気の原因に。ウマは自分で蹄の裏をきれいにできないので、人の手で異物を取り除くことが必要です。

蹄の裏のお手入れ作業を裏掘りといい、てっぴ（鉄爪）という道具で行います。競走馬や乗用馬は、ほぼ毎日行いますが、運動量の少ない小さなウマは2〜3日おきでも構いません。ただ、ウマが脚をあげることを嫌がらないよう、定期的に行って慣れさせ、お手入れ後はニンジンなどごほうびをあげましょう。蹄の表面には蹄を保護する膜があるので、汚れても強くこすらないようにしてください。水洗いをした後は、蹄の保湿のために蹄油を塗るといいでしょう。

また、蹄の先は人間の爪と同様に少しずつ伸びるので、伸び

裏掘りの方法

ウマが動かないようにつなぎ、人は尾の方を向いて外側からウマの脚を持ち上げます。蹄の裏のくぼんでいない部分には神経が通っているので、ここにてっぴのするどい部分があたらないよう注意してください。

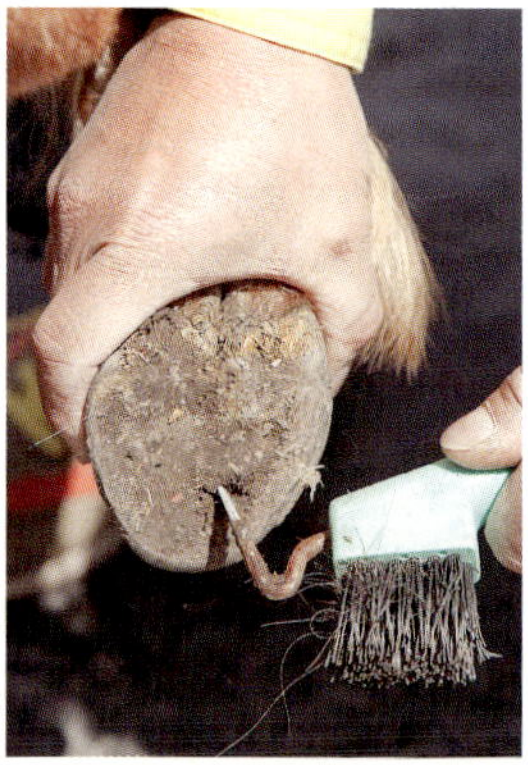

汚れが詰まった状態の蹄。ウマの蹄をしっかり持ち、てっぴのとがった部分で慎重に汚れをかき出していく。

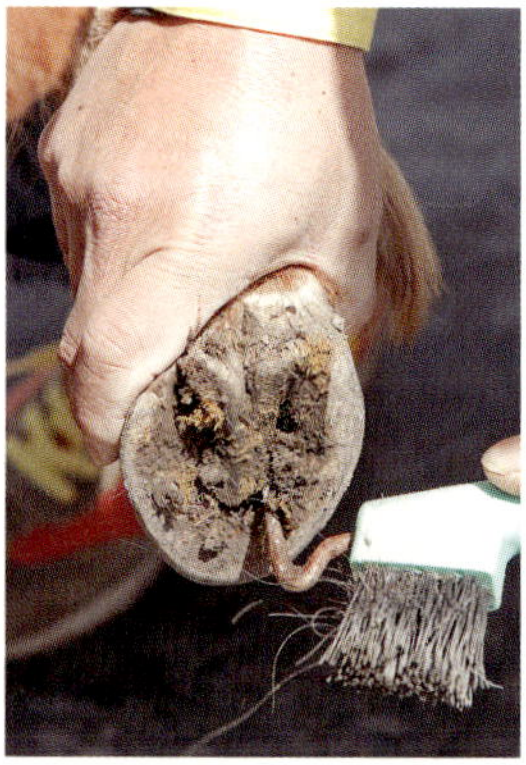

てっぴを使う時は、誤って痛みを感じる部分にあてないように、U字の底の部分から外側に向かって行う。

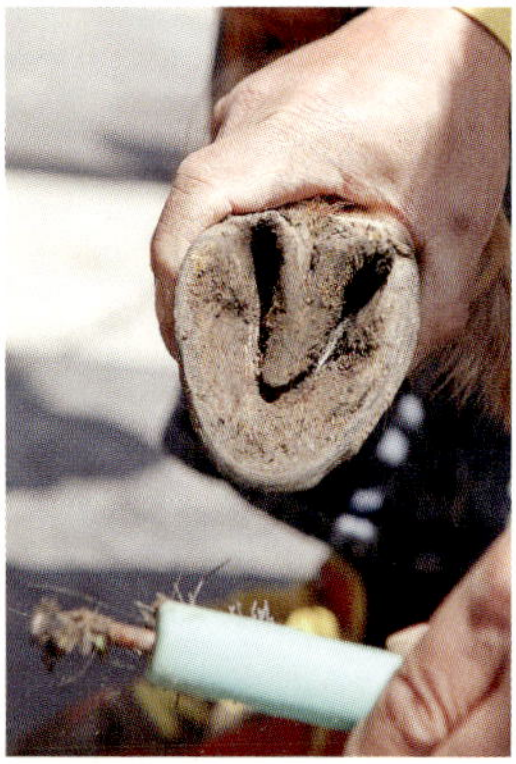

詰まった汚れがとれたら完了。ブラシつきのてっぴであれば、ブラシ部分で残った細かい汚れをはらっておく。

た部分を削りとる削蹄が必要になります。普通のウマは1ヶ月ごとに行いますが、小さなウマは2~3ヶ月に1度行うことが多いようです。削蹄は、小さなウマなら慣れれば自分で行うこともできますが、慣れないうちは装蹄師にお願いしましょう。

ウマの蹄の裏にとりつける蹄鉄は、ウマにとって人間の靴のようなもの。いつも草原など土の地面で過ごす場合は必須ではありませんが、散歩でコンクリートの上を歩かせる場合は、蹄に負担がかかるので装蹄もお願いしましょう。

ブラッシングはいいことづくし

体表の汚れや抜け毛、フケを取り除くブラッシングは、清潔を保つだけでなく、人とウマのコミュニケーションとしても有効です。飼い主さんにとって愛馬をきれいにする時間は楽しいひと時ですし、ウマも野生では仲間同士で毛づくろいを行うので、きれいにしてくれる人に親近感を抱くでしょう。皮膚の新陳代謝を促進し、血行をよくするマッサージ効果もあります。また、ウマのケガや病気を早く発見することもできます。

ウマのお手入れブラシにはいくつか種類があり、それぞれの役割があります。正しく使って、効果的にブラッシングを行いましょう。

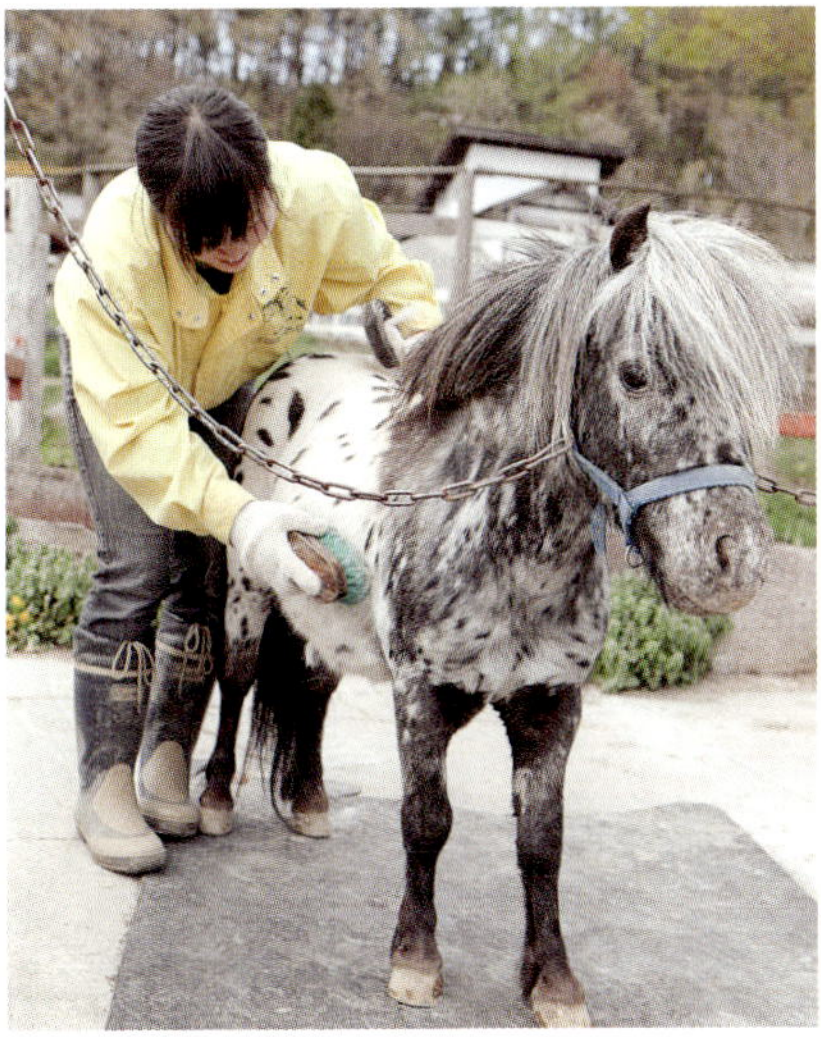

ブラシは毛並みに沿ってやさしくかけていく。こびり付いた汚れは、水ブラシかプラスチックブラシで落とす。

ブラッシングの方法

(a)

(b)

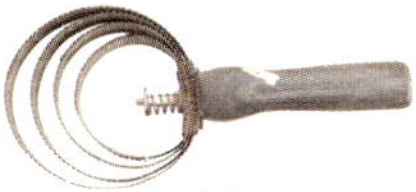

(c)

①根ブラシ(a)で大きな汚れを落とします。
②利き手に仕上げブラシ(b)、空いている手に金グシ(c)を持ちます。
③ウマの左側から、頭のつけ根、喉、胸、肢へ、次に肩、キコウ、腰、お腹、お尻、脚の順に、小さな円を描くようにブラシをかけていきます。ブラシが毛でいっぱいになったら、金グシとこすりあわせて落とします。右側も同様に。
④たてがみは指で絡みをほぐしながらひとつかみずつブラシをかけます。尾は毛を引き抜かないようブラシをかけ、水ブラシなどで仕上げます。
⑤最後に頭まわりを行います。繊細な部分なので、できればやわらかいブラシで丁寧に。鼻、目のまわりは湿らせたタオルやスポンジでケアします。

季節の注意ポイント

季節ごとのケアで健康を保つ

ウマの健康のために一番大切なことは毎日のお世話ですが、それに加えて、季節ごとに注意する点をおさえることで、気温の変化による体調不良や病気を防ぐことができます。

最も気をつけたいのは、暑い日が続く夏です。ウマは暑さに弱いので、食欲が落ち、元気がなくなってしまいがちです。乾草を多くあたえて、栄養を補給することが大切です。

また、春先から夏にかけては、寄生虫対策も必要です。寄生虫の主な感染源は放牧場の草。放牧しているウマは感染の危険があるので、駆虫薬を飲ませます。目安は半年に1度ですが、感染の可能性が高い地域では2~3ヶ月ごとに行う場合もあります。まずは獣医師に相談してみましょう。伸びた草を切りそろえることや、こまめにフンを掃除することも感染の予防になるので、夏場は特に放牧場の手入れを慎重に行いましょう。

年間カレンダー

1年間の作業をまとめたものです。この表を参考に、年間を通して予定を決めて実行してください。

1月	2月	3月	4月	5月	6月
・削蹄（2～3ヶ月に1回） ・小屋の消毒（2～3ヶ月に1回）		・削蹄 ・小屋の消毒	・血液検査（年1回） ・駆虫 ・放牧場の手入れ	・ワクチン接種（3種混合） ・削蹄 ・小屋の消毒	・ワクチン接種（日本脳炎）

7月	8月	9月	10月	11月	12月
・削蹄 ・小屋の消毒		・削蹄 ・小屋の消毒	・駆虫処理	・ワクチン接種（インフルエンザ） ・削蹄 ・小屋の消毒 ・馬着を着せる（必要に応じて）	

※3種混合ワクチンは破傷風、日本脳炎、インフルエンザの混合ワクチンです。破傷風は年1回、日本脳炎は5、6月に1回ずつの接種、インフルエンザワクチンは6カ月に1回の接種が理想的です。

秋

・小屋や牧柵の補修のチャンス

秋は気温も過ごしやすく、発情もないのでウマにとって快適な季節です。ウマの調子がいいこの時期に、小屋や柵を点検して必要なら補修し、冬に備えましょう。

春

・放牧場の草が伸び始めるので、害になる草を刈っておく。

害になる草はウマ自身が避けてほかの草を食べますが、それによって害になる草が放牧場の中で増えてしまうので、ウマが食べない草は抜いて処分します。また、ウマは短い草を好んで食べるので、草が生えている場所が偏らないように、伸びすぎた草は切りそろえておきます。

・冬毛が抜けるのでお手入れを。

暖かくなると、モコモコとウマの体を覆っていた冬毛が抜け落ち、夏毛に変わります。自然に生え変わるものですが、暖かい時期に長い毛を放っておくと、シラミやダニが繁殖して皮膚病の原因に。ブラッシングをして冬毛を落としましょう。

冬

・馬着を着せる。

ミニチュア・ホースは普通のウマと比べて、体温調節が苦手で寒さに弱くなっています。冷え込む日は防寒用の馬着を着せてあげましょう。汗をかくとかえって体を冷やしてしまうので、散歩で着せる場合は、帰ったらタオルで汗をふき取るようにします。

・風邪を引いていないか、気をつけてチェックする。

ウマも人と同様に空気が乾燥して冷えていると風邪を引きやすくなります。鼻水がでていないか、咳をしていないか、気をつけてみてあげましょう。

・乾燥からくるトラブルに注意。

空気が乾燥しているウマ小屋では、おがくずやワラなどのホコリが舞い上がりやすく、喉や呼吸器系の病気を招くことも。乾燥がひどい時は、少し水をかけるなどして、加湿しておきます。蹄も割れやすくなるので、様子を見て、蹄油を塗って蹄を保護しましょう。また、小屋の照明器具やコンセントなどの配線が火災の原因にならないように、チェックしておきましょう。

夏

・エサの食べ方やフンをチェックして健康管理を念入りに。

ウマは暑さで疲労がたまると消化機能が低下してしまいます。人と同じように食欲がなかったり、毛づやがなくなったり、フンの様子が変わった場合は疲労のサイン。

乾草を多めに与えて、慎重に様子を見ましょう。疝痛も起こしやすくなるので、注意が必要です。

・防虫対策を行う。

こまめな掃除が一番ですが、虫が多くよってくる場合は、虫除けをおきます。ウマにハエはよくつくものなので神経質になることはありませんが、虫がたかっている状態はウマもストレスを感じます。放牧場や小屋のまわりにボウフラがわいている水場がないかチェックするなどして、できる限りの対策はしておきましょう。

購入の方法

購入はウマを見てから決定を

ペットのウマの購入先は、主に牧場や家畜商になります。ウマは売買の際は家畜として扱われるので、販売する側は「家畜商免許証」を持っています。個人で販売しているケースもありますが、万一トラブルがあった場合に不利になる可能性があるので、資格を持っているところから購入するようにしましょう。ウマの値段は、体高１００〜１２０cmのポニーは30〜60万円、大型犬ほどの大きさのミニチュア・ホースは50〜１５０万円が目安です。購入先の探し方としては、インターネットで検索するほか、すでにウマを飼っている人に紹介してもらうのもいいでしょう。この本の１２５ページも参考にしてください。

どこから買う場合でも共通に言えることは、遠方であっても一度直接出向いて、自分の目でウマを確認することです。大切に飼われているウマは人懐っこく、ウマの方から寄ってきます。また、飼育環境もチェックして、清潔な環境で健康なウマを育てているところから買いましょう。いくら気に入ったウマがいても、１頭だけほかのウマと違う飼い方をされていたら、何か問題がある場合もあります。疑問に思ったことは必ず事前に確認しておきましょう。

購入時のチェックポイント

- ウマの方から人によってきて、素直になでられるか
- 眼は生き生きして澄んでいるか
- 毛づやはいいか
- 体に傷はないか
- 歩き方に異常はないか（一つの脚に体重をかけることを避けていないか、つまづいていないか）
- 放牧場に出ると、元気に走っているか
- 咳、鼻水が出ていないか

購入の前に決めておくこと

まず、飼いたい品種を決めましょう。健康なウマであれば、毛色は好みのもので構いません。オスとメスの違いは、ウマは個性による差が大きいので、一概にはいえません。メスは牝馬《ひんば》、オスは牡馬《ぼば》、去勢したオスはセン馬と呼ばれます。

輸送の注意点

購入後の輸送手段は次の３つです。①購入先の牧場に輸送してもらう、②競走馬や乗用馬の移動と一緒に運んでもらう、③自分で迎えにいく。①は問題ありませんが、②はタイミングを合わせて行うので、希望の日時に届くとは限りません。また、移動がない地域では利用できません。③の場合、ミニチュア・ホースなら乗用車で迎えに行くことができますが、それ以上の大きさなら、専用の馬運車やホロつきのトラックが必要です。夏場は日中は移動させないようにし、長距離を移動する場合は時々休憩をとって給水させるようにしましょう。

小さなウマの質問箱

Q1. イヌのように登録が必要ですか？

A1. 地域によって対応が異なるのが現状です。

家畜としてウマを飼う場合は、都道府県に届出を出す必要があります。ペットのウマに関しては、地域によって異なります。家畜のウマと同様に必要なところもあれば、ペットとして個人で飼っている場合は必要ないことも。まずはそれぞれの地域の家畜課に問い合わせてみましょう。

届出を出すと、年に一度、採血検査が行われますが、これもペットのウマに関しては、実施するところ、していないところとさまざまです。

Q2. ほかの動物と一緒に飼っても大丈夫？

A2. ほとんどの動物が問題なく飼えます。

ウマの方から他の動物に危害を加えることはほとんどありません。また、小さなウマでも体が大きいので、ほかの動物がウマに危害を加えることも滅多にありません。むしろ、イヌはウマと仲良くなることが多いようです。ただし、イヌによってはウマに飛びついていくこともあるので注意が必要です。

また、動物だけを一緒にしていると、事故がないとも限らないので、ウマ以外の動物は離れた場所で飼うようにしてください。

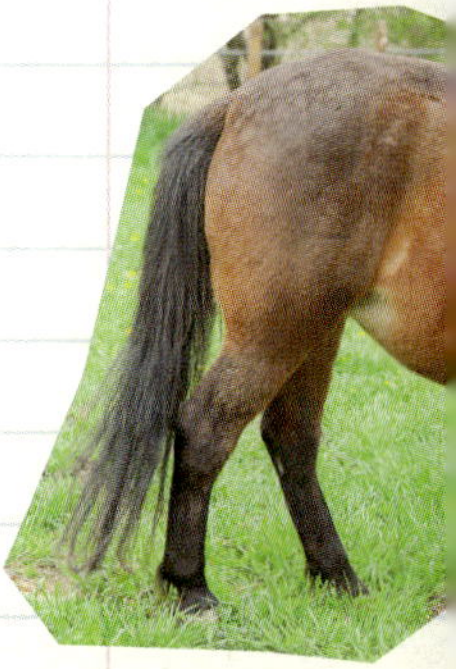

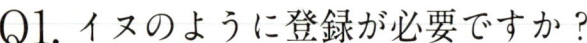

Q3. 多頭飼育で気をつけることはありますか？

A3. 未去勢のオスとメスは一緒にしてはいけません。

ウマは群れで生活するので、複数でいるとウマにも安心感が生まれます。多頭飼育自体に問題はありませんが、性別の組み合わせには注意してください。未去勢のオスとメスを一緒にしていると、繁殖期にはお互い興奮して、ケガをさせてしまうことがあるので危険です。

また、ウマ同士の相性もあるので、複数で飼いたい時は、もともと一緒に飼われていたウマや、親子で飼うのがいいでしょう。

Q4. 蹄鉄はつけなくてもいいですか？

A4. つけることがベストです。

当然ですが、野生のウマは蹄鉄をつけません。つけなくても、土の地面や草地の上を歩くだけなら蹄への負担が少ないので、問題なく生きることができます。これと同じように考えて、乗馬をしないから、あまりコンクリートの上を歩かないから蹄鉄をしなくてもいい、と思われがちですが、蹄鉄はウマにとって靴のようなもの。散歩で舗装された道路を歩くことがあれば、蹄に負担がかかるので蹄鉄はつけた方がいいのです。人の場合も、室内では靴は必要ないし、少し固い地面を歩く程度なら、靴がなくても歩けないことはないですね。でも、靴なしで固い地面を長時間歩くのは大変です。ミニチュア・ホースのサイズの蹄鉄もあります。まずは装蹄師に相談してみましょう。

Q5. ウマがニンジンだけを食べません。病気でしょうか？

A5. ニンジンを食べないウマもいます。

ウマにも食べるものの好き嫌いがあり、「嫌い」という理由で、特定のエサだけを食べないことがあります。ウマは固くて甘いものを好むので、ほとんどのウマはニンジンが好きですが、中には嫌いなウマもいるのです。日本では、ウマの好物といえばニンジンですが、ウマの好物として角砂糖が有名な国もあります。すべてのウマがニンジンに向かって走るわけではありません。

Q6. ウマから人に移る病気はありますか？

A6. いくつか移る病気があります。念のため知っておきましょう。

動物から人へ移る感染症を人畜共通感染症または動物由来感染症といいます。ウマから移るものには、流行性脳炎、炭疽、破傷風、野兎病、レプトスピラ症など、さまざまな病気があります。これらの感染症は、ウマやその糞尿から、細菌や寄生虫が感染して起こります。過敏になる必要はありませんが、口にキスするなど過度なスキンシップはさけ、ウマに触れた後は必ず手を洗ってください。小屋の掃除は換気のいい状態で行い、清潔に保つことが予防になります。ネズミからウマへ感染する病気もあるので、病気を運ぶ動物との接触をなくすことも大切です。

Q7. ウマに関連する法律は、どんなものがありますか？

A7. 家畜伝染病予防法を守る義務があります。

ウマを飼う際に知っておきたい法律として、家畜伝染病予防法があります。これは、家畜の伝染病の予防とまん延を防ぐための法律で、感染、または感染の疑いがある場合に届出が必要な伝染病（家畜伝染病）が指定されています。

家畜伝染病予防法で定めているウマを対象とする家畜伝染病は8個。このほか、農水省によって定められている家畜伝染病以外の届出伝染病が13個あり、ウマには合計21個の届出伝染病があります。
これらの病気に感染しているウマや、感染の可能性があるウマを見つけた場合、獣医師と飼い主は、すみやかに都道府県の家畜衛生課へ届出る義務があります。そのほか、都道府県をまたぐ移動の際は健康証明書（黄色い手帳）を携行すること、特定の家畜伝染病に感染したウマの殺処分義務などが定められています。

届出伝染病は少数頭で飼っているところから発生することはほとんどありませんが、近くの牧場や競馬場で発生した場合、注意が必要です。

ウマの家畜伝染病
流行性脳炎、狂犬病、水胞性口炎、炭疽、ピロプラズマ病、鼻疽、ウマ伝染性貧血、アフリカ馬疫

ウマの届出伝染病
類鼻疽、破傷風、トリパノソーマ病、ニパウイルス感染症、馬インフルエンザ、馬ウイルス性動脈炎、馬鼻肺炎、馬モルビリウイルス肺炎、馬痘、野兎病、馬伝染性子宮炎、馬パラチフス、仮性皮疽

Q8. 太りすぎている気がします。うまく体重を落とすには？

A8. エサのカロリーバランスの見直しを。

太りすぎは、蹄をはじめ、ウマの体に負担がかかるのでいけません。太りすぎに気づいたら、今までの飼育方法を見直す必要があります。
まずは、エサの内容を確認します。乾草を減らして青草を増やし、濃厚飼料を与えている時は徐々に減らして給与を中止してください。おなじ牧草でも、マメ科の牧草（アルファルファ、クローバーなど）はカロリーが高くなっています。これらは蹄葉炎の原因にもなるので、そもそも控えた方がいいものです。イネ科の牧草（イタリアンライグラス、チモシーなど）だけに切り替えましょう。エサの内容は、必ず少しずつ変えるようにしてください。

同時に、１日10〜20分程度、放牧場の中でウマを引いて歩いたり、散歩に行くなどして運動の機会を作ってください。

逆にやせてしまっている時は、栄養価の高い牧草に変えて様子をみます。寄生虫がいることもあるので、たくさん食べていてもやせている時は、フンを見て、獣医師に相談してください。

Q10. 芸を教えることはできますか？

A10. ウマの動きを応用した芸なら教えられます。

サーカスやショーのような芸は家庭では教えられませんが、簡単な芸なら覚えてもらうことができます。例えば、「お手」というと前肢をあげる、人の手のひらを出して「タッチ」というとそこに鼻をあてる、などです。教え方は、まず「お手」といいながら前肢をあげさせたり、「タッチ」といいながら手の平を鼻にあてたりして、同時にニンジンなどのごほうびをあげます。これをウマが覚えて自分で行うようになるまで、繰り返し練習します。覚えてからも、ごほうびをあげないとやめてしまいます。
「お座り」や狭い台の上に載ることは、ウマにはとても難しいことです。どんなに覚えがよくても、芸は前肢や首を動かしたり、歩いたりするだけでできることに限定して教えてください。

かわいいウマの雑貨 

日常使いできる実用的なグッズやインテリア、ウマのことがわかるユニークなアイテムまで、
ウマ好き必見の雑貨をご紹介します。

メタルブックエンド

ダーラナホースの形をしたメタル製のブックエンド。しっかり重量があるので、棚や机の上も本の収納スペースに早変わり。

W11×H17×D9.5㎝(E)

ワインボトルストッパー

幸運のお守りでもあるスウェーデンの伝統工芸・ダーラナホースのワインボトルストッパー。ワインをかわいく保存してみては。

W7cm、コルクの先端Φ1.2㎝(E)

ダーラナホースのナチュラルワークピース

彫刻する前の状態のダーラナホースで、美しい木目と天然木の色の変化を楽しめる。

xxsサイズW3×H3.2×D1.2㎝～XLサイズW19×H20×D6㎝(E)

ブローチ　エメット

躍動感のあるウマのシルエットが印象的なブローチ。鉄のブライト材に本金24金でメッキがかけられており、輝きも魅力的。

W6.7×H5.4㎝(A)

パピヤージュアミ ストラップ ウマ

素朴でナチュラルな風合いのストラップ。ボールチェーンつきでバッグチャームとしても使用可能。

W7×H12㎝(チェーン含む)(C)

BREYER Little Prince Book and Model Set

愛らしいポニーのフィギュア。英語の小説つき。さまざまな品種のフィギュアがそろっているので集めてみては。

W16.5×H11.5㎝(C)

立体パズル 4D VISION 馬解剖モデル

ウマの体の構造がわかる、遊んで楽しくためになる立体パズル。半分がスケルトン仕様で組み立ててからも体の内部がわかる。

W5×H16.5×D19㎝(B)

マイボトル　レッドホース

軽くてコンパクトなアルミ製のマイボトル。休憩やランチタイムに、ほっと心が癒されるウマのイラスト入り。

容量は300ml。直径6.2×H12㎝(C)

BREYER Stablemates Red Stable Set

アメリカのモデルホースメーカー「BREYER」の厩舎セット。ウマ２頭に、厩舎、柵、障害、ドラム缶、水桶がセットに。

W28×H22.5×D18㎝(C)

カフェスプーン

丸みのあるフォルムと木の風合いで温かみのあるカフェスプーン。持ち手にはダーラナホースのワンポイントが。

W10.5×H4.3㎝(E)

PILIER　ランドリーボックス

一面ウマ模様のランドリーボックス。使わない時はコンパクトにたたんでおけるので機能性も抜群。革製のネームポケットつき。

直径33×H43㎝(D)

ロッキングホース

子どもが喜ぶだけでなく、大人も癒されそうな本格的なロッキングホース。100年続くチェコの老舗おもちゃメーカー製。

W91×H72×D36㎝(A)

(A)アインショップ 神戸　(B)青島文化教材社　(C) 馬の雑貨屋HORSE-GIFT.com　(D)ジャングルジム(インテリア雑貨)
(E)北欧雑貨のアットテリア

※情報は2010年9月1日現在のものです。お問い合わせ先は127ページにあります。

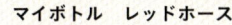

ウマと共存する社会

スウェーデンの小さなウマ事情

写真・文　藤田りか子

from Sweden

スウェーデンにはシェトランド・ポニーのほか、いろいろな種類のポニーが存在する。これはイギリス原産のデール・ポニー。

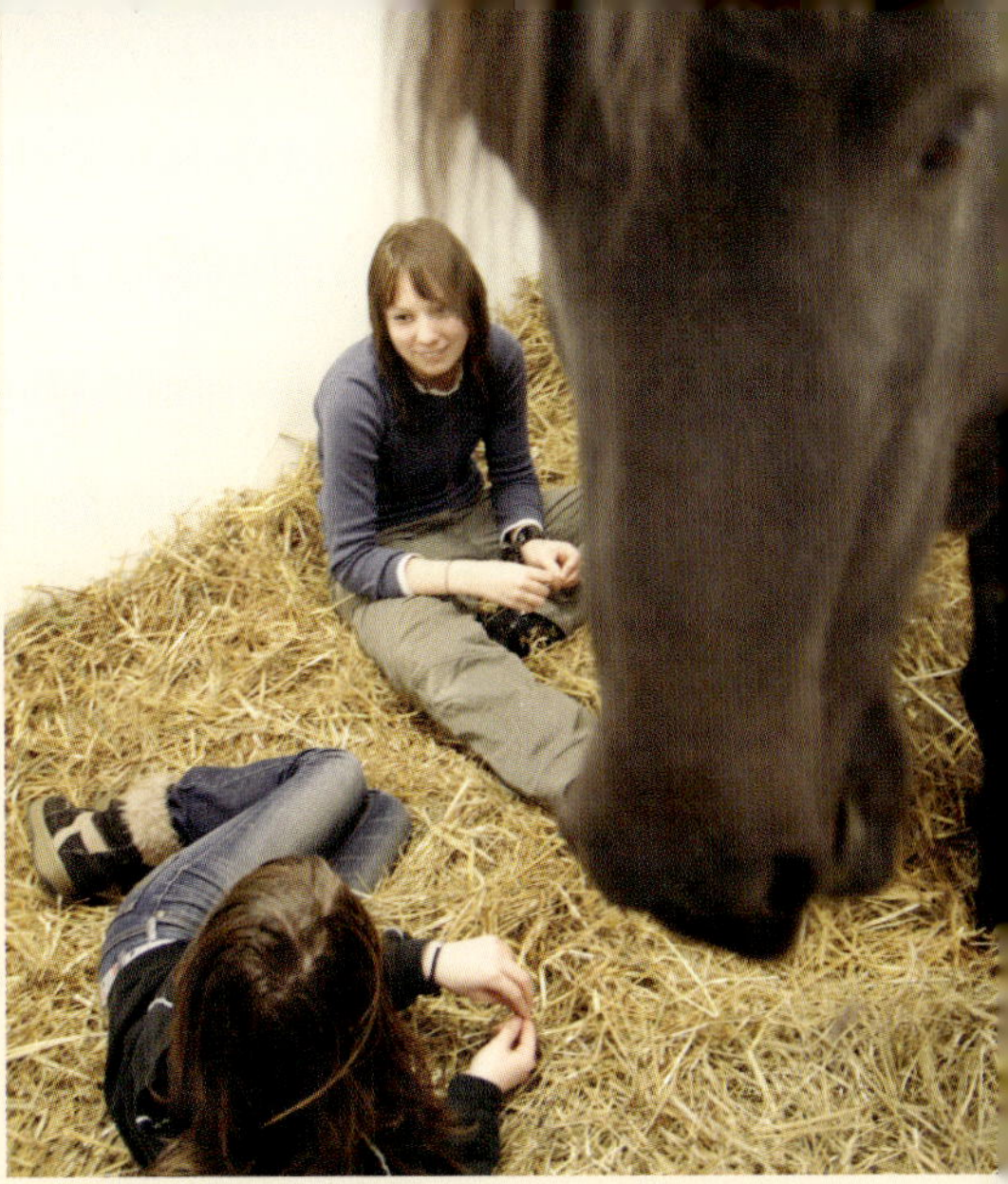

放課後、女の子たちの行くところは乗馬学校。ウマがいる馬房で友達とおしゃべりして過ごすことも。

ウマの飼い主は、朝、起きたらまずウマをだすことが日課。牧草地へぞろぞろと向かうシェトランド・ポニー。

犬と一緒に散歩をするシェトランド・ポニー。乗用馬ではなくペットとして愛されている。

ウマ大国スウェーデン

スウェーデンの国土面積は日本よりもやや大きい程度。総人口890万人で、国内のウマの全頭数は30万頭。県によっては住民100人につき8頭のウマを飼っているところもある、正真正銘のウマ大国です。そんなウマ大国において、ポニーの人気は断然。乗用学校のウマの半分はポニーが占めています。

乗馬用ポニーのみならず、ペットとして飼われるポニーの数も非常に多くなっています。年間登録数統計によると、第一位が乗用馬種であるスウェーデン半血種の4000頭。そしてシェトランド・ポニーの1700頭がこれに次ぎ、ウマ好きがなんとなく、裏庭の牧草地に飼っているのが多くのパターンです。

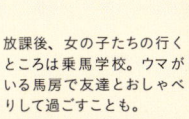

スウェーデンの冬の気温は、時に氷点下20度になることも。それでも元気なポニーたちは毎日外に出してもらう。

このように馬車馬としてポニーとスポーツをするのは、スウェーデンおよびヨーロッパの多くの国でとても盛ん。

右／愛ポニーのフィッゲくん、そして愛犬のオッシちゃんと共に自転車散歩をするモードさん。たずな裁き、いやリード裁きが難しそう？　左／ウマ小屋のまわりにはたえずネコがウロウロしているのは、万国共通？　ネコのあいさつに、ポニーたちも加わる。

運動はイヌと一緒に自転車で！

スウェーデン中部スノースタッドという村落。そこに約半ヘクタールほどの裏庭牧草地と住居をかまえるモード・ベングレンさんはシェトランド・ポニー飼い歴20年。小さなシェトランド・ポニーのフィッゲくんと暮らす、スウェーデンの典型的シェルティ・オーナーです。

夫と郊外の田舎で二人暮しするモードさんには、子供がいません。近所にもフィッゲくんに乗れる手ごろなチビッコはいないので、フィッゲくんのできる唯一の運動は、散歩となります。モードさんはさらにジャーマン・シェパード・ドッグのオッシちゃんという、これまた運動の大層必要なイヌも飼っています。

「オッシとはいつも自転車散歩をしているのですが、これでフィッゲまで散歩にだすとなると二度手間になる。それならいっそ、フィッゲに自転車散歩に便乗してもらおうかと！」

フィッゲくんは、まるでイヌと同じようにモードさんのコマンド（合図）にきちんと従うことができます。大事なコマンドは、「待て」、「つけ」、そして「草を食べるな」。2頭はだいたい同じペースで走るので、サイクリングはスムース。このまま4kmを走行します。ただし、これも訓練の成果なのです。

家で飼ってもらえない野良ネコはウマ小屋で寒い冬をすごす。ここなら快適！食事も出してもらえる。

ミニチュア・ホースはポニーに比べると、スウェーデンではまだまだ稀少派。こんな小さな子ウマでもすでに障害を飛ぶ練習！

ポニーの馬車スポーツは各地で行われる人気種目。障害のある決められたコースをいかに早く突破するかを競う。

ドッグショーならぬ、ホースショーもさかん。ポニーを見せる時は白いコスチュームを身につけるのが慣わし。

ポニーのアジリティ

スウェーデンのシェトランド愛好会は、数年前からイヌならぬポニーのアジリティなるスポーツを考案しています。乗り手を失ったポニーが牧草地でメンタル面での刺激がないまま、毎日をもんもんと過ごしているのは、スウェーデンではよくあること。ポニーの愛好家たちは、この状況をどうにかしたいと考えたのです。どうやったら大人もポニーと楽しめるか？　ハンドラー（一緒に走って指示をする人）をつとめる人間と共に走るアジリティなら乗る必要もないから、ポニーにもうってつけでした。このスポーツは大好評で、全国で競技会まで開催されるようになりました。

障害には、ジャンプ障害や、イヌのアジリティ同様、シーソーもあります。布の中をもぐるというトンネルもあれば、ジグザグに走るスラロームも。人間はポニーを引くことで障害をクリアさせます。

「このスポーツはポニーと人の間に信頼関係がなくてはできません。足場がぐらぐらするような障害だって、ポニーがハンドラーを信じているからついてきてくれる。愛馬との心の交流を願っている人には、素晴らしいトレーニングとなると思います」と、シェトランド・ポニークラブのアジリティ部門責任者のソフィア・エグレンさんは語ってくれました。

スウェーデンのウマ福祉について

スウェーデンとくれば福祉の国。そしてウマ大国ならなおさら、捨てられたウマや年老いたウマのためにさぞかしすごい施設

あちこちで開かれている馬のイベントでは、さまざまな馬種をみせる。ミニチュア・ホースは、珍しいだけに人々の関心がいっぱい。

クリスマスのコスチュームをつけて、子供たちが近所を訪問。誰もが思わず笑顔になり、子供たちにキャンディをプレゼント。

ウマのアジリティにて。コーンをうまくジャンプする。ハンドラーと息のあった動きは日頃の訓練の成果。

や機関が存在するのではないかと想像されるでしょう。意外に思われるかもしれませんが、動物の施設や団体となるとアメリカやイギリスの方がうんと発達しています。スウェーデンのウマ福祉は、一人一人の個人にウマの幸せが委ねられているのが特徴です。よって逆に施設や団体は必要なかった、ともいえます。

それを可能にした第一の要因が、人々の動物への強い「倫理観」。ずさんな管理でウマを扱っている牧場があれば、近所の人はすぐに警察に届けるし、それが夕刊にまで掲載されるのです。馬房（ウマ一頭が暮らす部屋）の最低面積、空気の清浄度などの規定は厳しく、役所から検査官が予告なしにやってきて厩舎をチェックすることも。これらはすべて動物愛護法によって、規制されているのです。

ウマ福祉実現のもう一つの要因は、スウェーデンにおける豊かな住宅事情にあります。厩舎つきの家は、都市郊外では珍しくありません。つまりわざわざ施設に頼ったりウマを遠くどこかに預託しなくても、自分の家で気軽にウマを飼うことができます。このため、競走馬、乗用馬として働いていたウマも引退後、一般の人の手にわたり、純粋なペットとして余生を過ごすことが多いのです。

最後の要因は、ウマを取り巻く人々の深い「ウマ知識」。リハビリや再調教が必要なウマでさえ、プロに頼らずともその訓練を自分である程度こなしてしまいます。趣味として、元競走馬を普通の乗用馬に調教しなおして売っている人も珍しくなく、ウマにとっては幸せな環境が整っているといえるでしょう。

ウマの歴史

世界のウマの歴史

ウマの家畜化は、ウシやブタの約8000年前に比べて遅く、約5000年前といわれています。それまでウマは狩りの対象でした。家畜化が始まったのは石器時代末期のユーラシア大陸で、肉や毛皮を利用したり、荷物の運搬に使われるようになりました。鉄器時代には丈夫な車軸や車輪が作られ、馬車が広がります。

ウマによって長距離移動やたくさんの荷物が運搬できるようになったことで、文明が大きく発展。ウマは戦争にも利用され、さまざまな歴史を作りました。

家畜化されてから、急速に人間の生活に欠かせない存在となり、常に人の側にいたウマですが、19世紀に近代に入り、自動車などが普及すると、移動手段としての利用は減少します。一方で、同じ19世紀には、アルゼンチンでミニチュア・ホースの改良が重ねられ、世界最小のウマ、ファラベラが誕生しました。

現在では、ウマは乗馬や競馬、観光馬車など、スポーツやレジャーで人と関わるようになっています。近年ではホースセラピーも注目されはじめ、教育や医療の現場でも活躍するように。ミニチュア・ホースも広がり、ペットとしてウマをかわいがる人が増えつつあります。

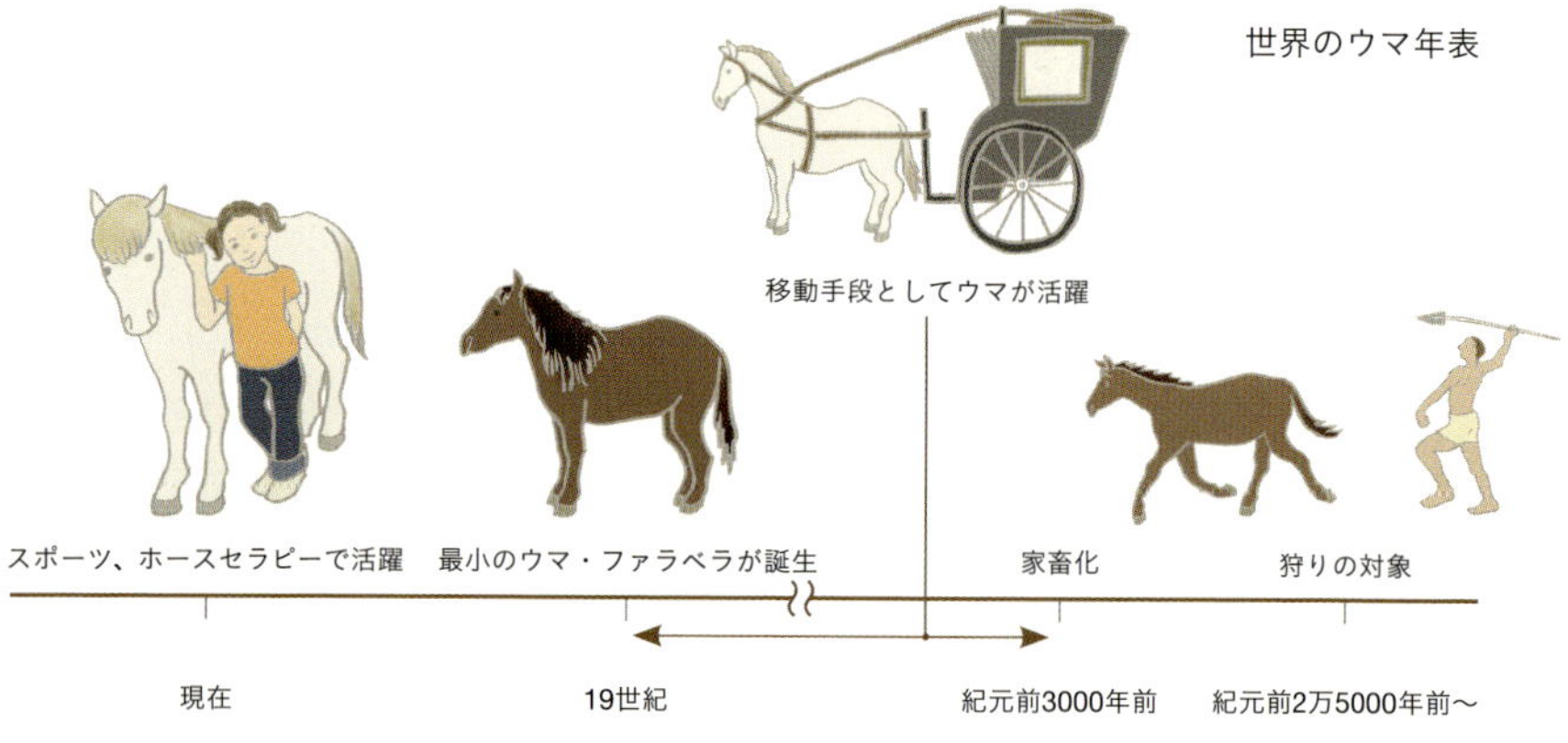

日本のウマの歴史

　日本列島には、もともとウマがいたわけではありません。日本に入ってきたのは5～6世紀。朝鮮半島から飼育技術とともに入ってきたものといわれています。645年の大化の改新の際には、軍馬、農耕馬、通信用のウマの管理が徹底して行われました。この牧《まき》と呼ばれるウマを育成する牧場が制度化され、国家が運営する32の官牧でウマが生産されるようになりました。その後、各地で私設の牧が運営されるようになります。

　中世の武家社会ではますますウマが重視され、各地でウマの繁殖がさかんになります。この頃から、現在の青森県から岩手県にかけての南部地域では優秀なウマが生産されていました。

　近代に入ると、西洋の品種が入ってくるようになります。八代将軍吉宗が幕府の牧を整備し、ウマの改良のために西洋のウマを輸入したことから、在来馬と西洋種の交配が始まりました。明治時代に移ると、蹄鉄など西洋の乗馬技術や馬車も伝わります。日露戦争後には、政府は軍馬の資質を改良するため、国内のウマを積極的に西洋の品種と交配する政策をとりました。この改良は第2次世界大戦が終わるまで続き、広範囲でウマの改良が行われたため、純粋な在来馬がほとんど姿を消してしまいました。

　戦後は、国内のウマの数が急速に減り、1935年には約140万頭前後いたウマが、現在では約10万頭に。そのうち6割が競走馬のサラブレッドとなっています。

日本のウマ年表

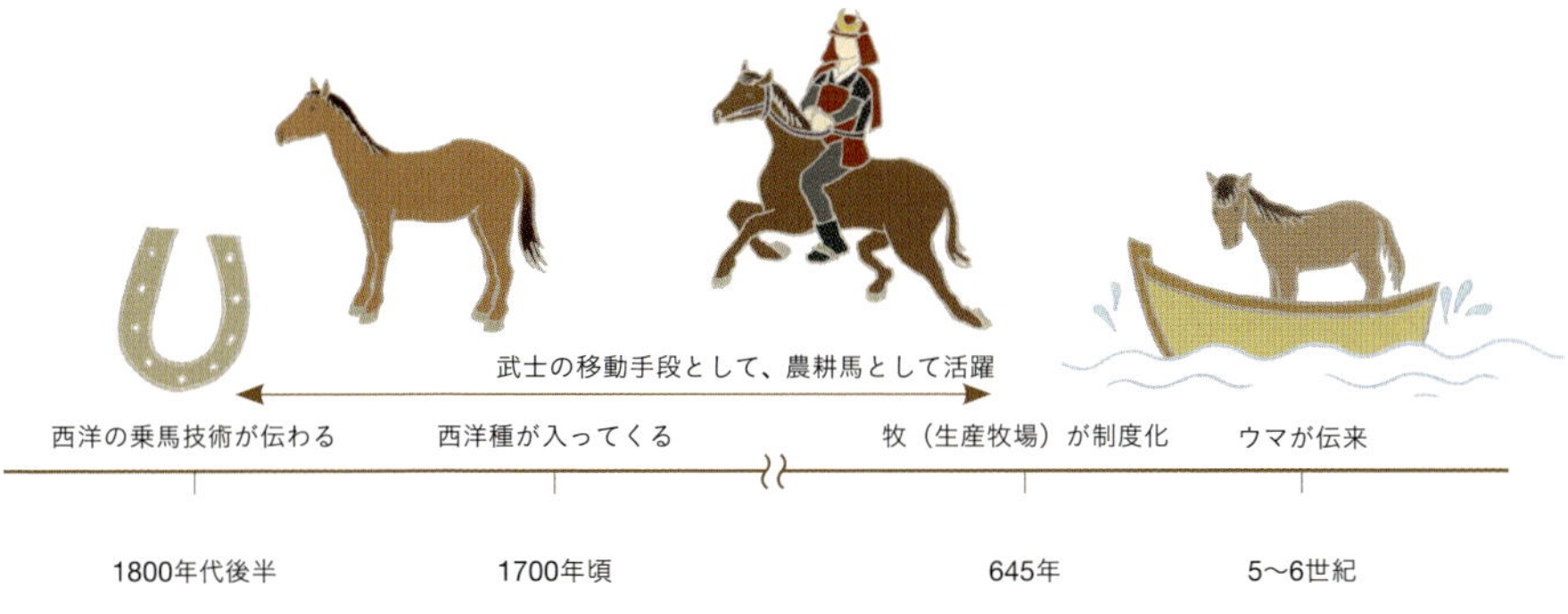

ウマの品種

ウマの分類はさまざま

ウマの品種は世界で200以上あるといわれています。ウマの大まかな分類は、家畜としての用途でわけたり、運動性や歩法でわけたりと、さまざまな分類方法がありますが、ここでは大きさによるわけ方をご紹介します。

日本では、ウマは一般的に重種、軽種、中間種、在来馬にわけられます。重種は、大きな荷物を引けるように改良されてきた大型の品種。フランス原産のペルシュロン種、ブルトン種、イギリスのシャイアー種などがこれにあたります。一方、軽種は競走馬のサラブレッドや、乗用馬として利用されるアラブなど。中間種は重種と軽種をかけ合わせた品種でクオーター・ホースなどがこれに含まれます。在来種は各地域の固有の特徴を持ったウマで、日本にも8種の在来馬が存在します（詳細は84～89ページ）。

さらに、体高148cm以下のウマがポニーとされています。これは、1889年にイギリスの王立農業協会で定められました。シェトランド・ポニーやウェルシュ・ポニーなどイギリス原産の品種のほか、各地にさまざまな品種がいます。さらに、アメリカのミニチュア・ホースの協会では、体高86cm以下のウマをミニチュア・ホースと定義しています。

クオーター・ホース
アメリカ原産の短距離競走馬として改良されたウマ。ウエスタンスタイルの乗用馬として知られている。体高143～160cm。

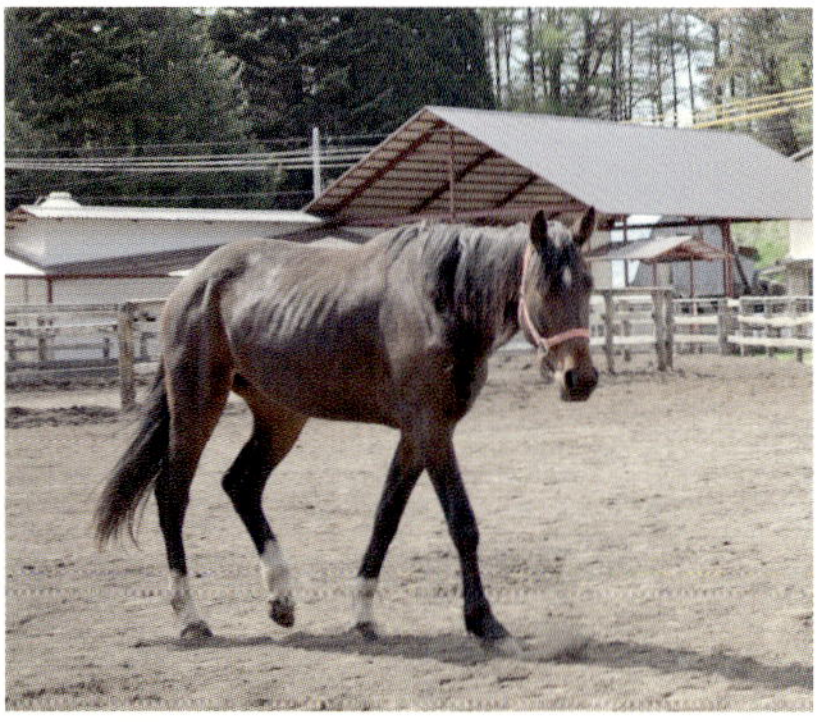

サラブレッド
早く走ることを目標に改良された品種。競走馬として世界中に普及している。原産地はイギリス。平均体高160～162cm。

ペルシュロン
フランス原産の輓用馬として改良された重種。軽快で持久力があり、温順な性質を持っている。体高は152〜170㎝。

アラブ
軽快で持久力にすぐれ、乗用馬のほか、競走馬として利用されることもある。中近東原産。平均体高は142〜150㎝。

ハフリンガー
体高約130㎝のオーストラリア原産のポニー。乗用馬、馬車馬として利用されている。金色の豊かなたてがみと尾が特徴。

シェトランド・ポニー
イギリス・シェットランド諸島原産。現在は世界各地に広がり、乗用馬として使用されている。体高100〜112㎝。

ファラベラ
シェトランド・ポニーなど小型のウマを元に、アルゼンチンのファラベラ家で改良された品種。体高は76㎝以下。

アメリカン・ミニチュア・ホース
ファラベラを元に、アメリカで改良された品種。ペットとして高い人気を集めている。体高は86㎝以下。

写真提供／独立行政法人 家畜改良センター、藤田りか子

世界のポニー

世界各地に残るさまざまなポニー

日本にも独自の在来馬がいるように、ポニーは地方特有の原産馬として、世界中にさまざまな品種が存在しています。有名なシェットランド諸島のシェトランド・ポニーのほかにも、イギリスの山岳やムーアランド（沼地）のポニー、フランスやポーランドをはじめとする中央ヨーロッパの山岳地帯に生息するポニーなど、さまざまな仲間がいます。これらの各地のポニーは、大型のウマのように馬術を競うために改良された品種ではなく、使役のウマとして古くから地元に存在していた家畜たち。よって、小さな体にも関わらず、頑丈で力持ちです。

仕事をさせるのに適したウマが残ってきたので、多くは穏やかな性格をしています。現在はその特質が活かされ、馬車競技用のウマとして、またセラピーホースとして多くが活躍。ウェスタンスタイルの馬術に起用されることも珍しくありません。

また、ヨーロッパではアイスランド・ホースの独特の歩様を競うアイスランド・ホース・スポーツが盛んに行われています。地域独自のポニーたちは、それぞれの地域で愛され、大切に守られています。

ブリティッシュ・スポッテッドポニー
イングランドに古くから存在。特徴は斑点模様。体高は80㎝から147㎝まで。ショーホースとしても人気がある。

フェル・ポニー
スコットランドの境に近い北部イングランドの使役馬種。乗馬、馬車馬として現在も活躍。体高は約142㎝。

メレンホース
ピレネー山脈地方アリエジェの原産。山岳の厳しい環境に適応し、丈夫な肢を持つ。乗馬、馬車馬として使われている。

アイスランド・ホース
アイスランドの古い乗用馬。特別の歩様トルト（日本語では側体歩）を行なうウマとして有名。トルトの技能競技も存在する。

フッチ（カルパチアン・ポニー）
ポーランドの南東部からウクライナにかけて走るカルパチアン山脈原産。性質は穏やか。材木などの運搬に使われてきた。

ニュー・フォーレスト・ポニー
イギリスの南部、ハンプシャーのニューフォーレストに半野生馬として1000年以上前から存在。子供に人気の乗用種。

フィヨルド・ポニー
ノルウェーを代表する使役馬。フィヨルドホース、またはノルウェイジアン・フィヨルドとも呼ばれる。馬車を引いたり、農耕馬として材木の運搬で活躍してきた。

ゴットランド・ルス
スウェーデンの東海岸沖に浮かぶ、ゴットランド島に存在するポニー。タルパンを祖先にすると考えられている。スウェーデンでは子供用の乗用馬、馬車馬として人気がある。

写真・文　藤田りか子

世界のウマのことわざ

「ウマの耳に念仏」、「馬子にも衣装」など、ウマに関することわざはたくさんあります。そこで、世界各国に伝わるウマに関する楽しいことわざをご紹介します。

【ウマは四つ足なのにつまずく】

「サルも木から落ちる」、「河童の川流れ」と同じ意味。北欧では、「ウマは四本足でもつまずく、ましてや人間がつまずかないわけはない」といい、誤りは誰にでもあるので、誤りを恐れてはいけない、ということのたとえとなっています。ウマでもつまずくことがあるのは事実。でもウマがつまずくことが多い場合は、肢や体調が悪いことも考えられるので気をつけましょう。

【人となるのは幼少より 駿馬となるのは仔ウマより】

人もウマも、幼少のころからの教育やしつけによって将来が決まるという意味。遊牧民にとってウマは生活に欠かせない存在の国、モンゴルのことわざです。ウマも小さい頃から、将来を考えて正しく接することが大切です。

【もらったウマの口の中を調べるな】

もらいものの値打ちを調べてとやかく言うな、という意味。贈られたものの価値を調べたりせず、ありがたく使うように、という意味もあります。イタリア、フランス、イギリスなどヨーロッパの各国で伝わることわざです。ウマは歯を見れば年齢がわかることからきています。「贈られたウマの歯を調べるな」ともいいます。

【キツネをウマに乗せたよう】

そわそわとして落ち着きのない様子。また、信用できないことのたとえ。ウマにキツネを乗せるという発想も驚きですが、実際に乗せると落ち着かないどころか、すぐに飛び降りてしまいそうですね。

【ウマは乗り手次第で足で土を掘り始める】

人は上司次第で、働くこともあれば、怠けることもある、という意味。トルコのことわざ。人のことを見抜き、乗り手のことをよく理解するウマの性質が見事に表現されたことわざです。乗馬をする時は、人の上に立つ場合と同じように気をつけましょう。

【河を渡る途中でウマを変えるな】

物事が進行している途中で方針ややり方を変えるな、という意味。流れの途中で方法を変えることが、いかに下手なやり方か、ということを表しています。「河の中でウマを変えるな」、「流れの中でウマを変えるな」とも言われます。アルゼンチンのことわざです。

【ウマの尻尾はあらゆる方向に揺れる】

人の好みは色々だということ。南米の国、スリナムのことわざ。虫を払う時のウマの尻尾は、絶えずあらゆる方向に揺れるので、その様から来ているのでしょう。

【ウシはウシ連れ、ウマはウマ連れ】

同じようなもの同士が集まって行動すること、似たもの同士が相性がいいことのたとえ。「類は友を呼ぶ」、「破れ鍋に綴じ蓋」、「似たもの夫婦」などと同じ意味。ウシもウマも群れになって行動することから、この言葉ができたのでしょう。「ウマはウマ連れ、シカはシカ連れ」ともいいます。「ウシはウシ連れ」「ウマはウマ連れ」と単独でいうこともあります。

日本の小さなウマ紀行

日本には、古くから日本人の側にいて、日本の環境に適応してきた小さなウマがいます。日本在来馬と呼ばれ、各地に残されている希少なウマを巡ってみましょう。

日本のウマは小さなウマ

日本には、遠い昔から各地域で飼育され、それぞれの家畜としての用途に合わせて改良された在来馬がいます。これらの日本在来馬は、体高約100~135cmの小さなウマたち。今、国内のウマの中で最も多いサラブレッドなど、西洋種が入ってきたのは約200年前。日本人は、歴史の大半を小さなウマとつき合ってきました。

ところが1900年代に入って、他国との戦争のために、西洋種と交配して強化する試みが全国で一斉に行われました。この時、西洋種との交雑化が進み、純粋な日本在来馬はほとんど姿を消してしまいました。戦後は、在来馬の価値が見直され、一部の島嶼部や山間地域などにわずかに残されていた純粋種を元に、在来馬を維持する試みが各地で行われています。現在、認定されている日本在来馬は全部で8種。いずれも頭数は限定的で、数十頭しか残されていない在来馬も少なくありませんが、各ウマの保存会が発足され、新たに活用する道が模索されています。

日本の小さなウマには、生物学的・文化的価値があるだけではありません。もともと日本にいたウマたちは、日本の暑さ、寒さによくなじんでいます。また、山岳地で作業をしたり、走ったりしていたため、西洋の乗用馬に比べて、丈夫な肢と蹄を持っています。性格も温厚なものが多く残っているといわれています。現在は、この性質を生かし、観光資源として、乗用馬、セラピーホースとして活躍しはじめています。

戦国時代、武士が乗っていたのも日本在来馬。時代劇の撮影に使われるサラブレッドより体高が低く、かなり印象が異なる。

日本在来馬マップ

現在残っている日本在来馬は、道産子馬として知られる北海道和種馬、木曽馬、野間馬、対州馬、トカラ馬、御崎馬、宮古馬、与那国馬の８種。半数以上が九州から沖縄にかけて残っていた在来馬です。

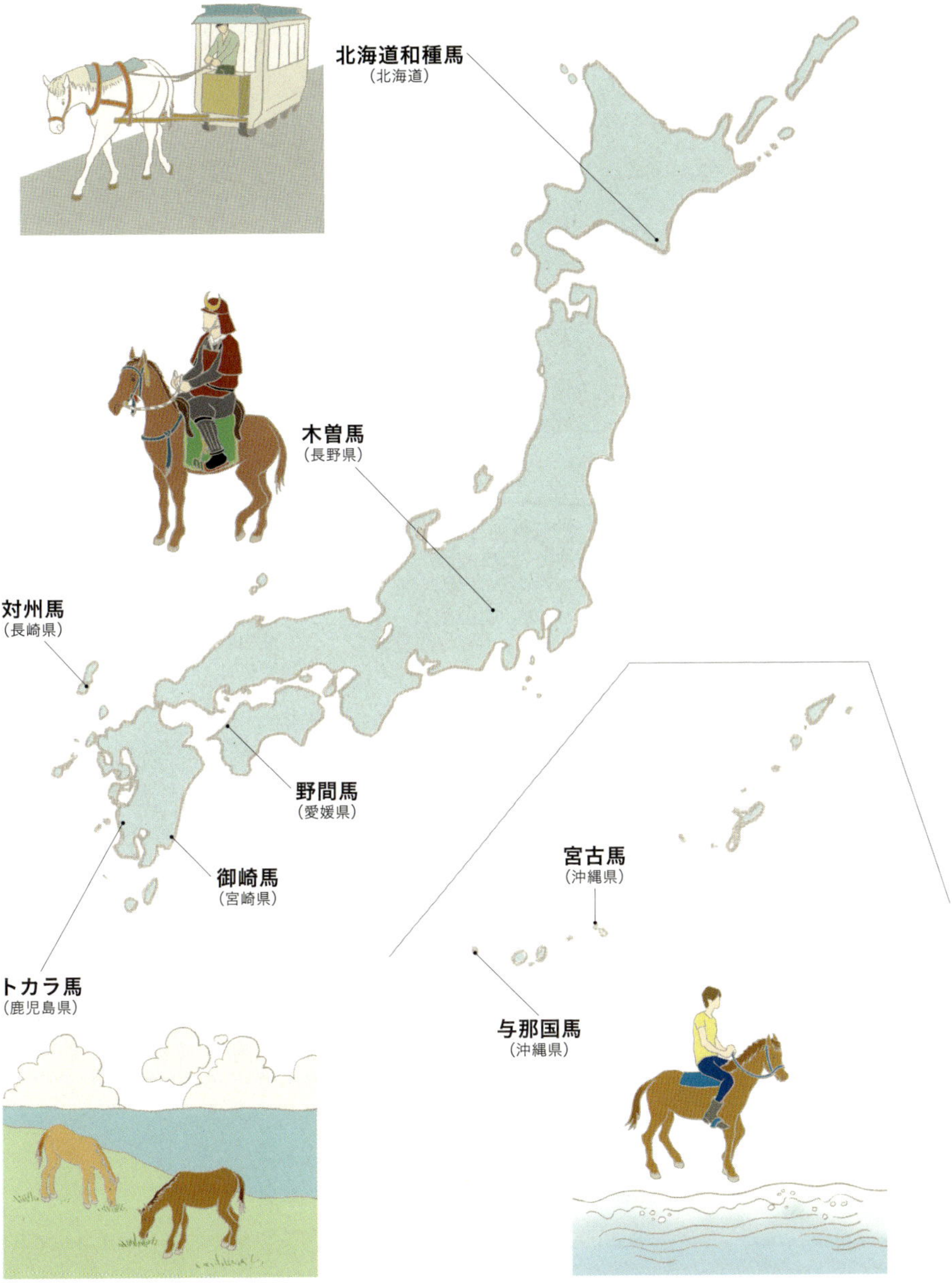

北海道和種馬《ほっかいどうわしゅば》（道産子《どさんこ》）

耐寒性と持久力に優れているのが特徴で、体高は125〜135cm。頭数は1254頭（2008年）と、在来馬の中で最も数が多い。道産子馬とも呼ばれる。江戸時代、松前藩が運搬のためなどに北海道南西部に持ち込んだ南部馬が祖先。当時は、夏の漁が終ると人は本州に帰ってウマは原野に放し、翌年、再度捕まえて利用されていた。その後は、建築資材などの運搬で北海道開拓に貢献。現在は乗用馬として活躍している。

北海道和種馬に会える場所

函館どさんこファーム

函館の景色を眺めながら乗馬を楽しめる観光型の乗馬クラブ。11頭の北海道和種馬が飼育されており、乗馬体験やエサやり体験ができる。乗馬コースは初心者向けから本格的なトレッキングまで多様なコースから選択できる。

•

住所：北海道函館市東山町176

TEL：0138-54-1340

URL：http://www.dosanko-hakodate.com

購入に関するお問い合わせ先：函館どさんこファーム　TEL：0138-54-1340

木曽馬《きそうま》

長野県の木曽山脈を中心とする山岳地帯に残っている在来馬。やや胴長の輓馬型と呼ばれる体型で、農耕や運搬、地域独特の「踏ませ」と呼ばれる堆肥作りのために用いられていた。明治以降は雑種化が進んだが、神社に御神馬として残されていたウマから復元された。花馬祭など伝統行事にも関わってきた。現在の頭数は149頭（2008年）。乗用馬として利用され、流鏑馬やセラピーホースとして重宝されている。体高125〜135cm。

木曽馬に会える場所

木曽馬の里・乗馬センター

御嶽山を臨む高原に位置する絶好のロケーションの中で乗馬を楽しめる。木曽馬約30頭が飼育されており、乗馬体験のほか、厩舎の見学や木曽馬についての学習などができる。

•

住所：長野県木曽郡木曽町開田高原末川5596-1

TEL：0264-42-3085

URL：http://www.kis.janis.or.jp/~kiso_uma/

購入に関するお問い合わせ先：木曽馬の里・乗馬センター（条件により応相談）　TEL：0264-42-3085

野間馬《のまうま》

体高１００～１２０cm。大きさは在来馬の中で最も小さい。江戸時代、今治藩が騎馬を確保するために農家にウマを飼育させ、体格のいいウマを買い上げ、小さいウマは農家に払い下げていた。この小さなウマは農耕馬として段々畑で収穫したミカンの運搬に利用された。トラックなどに役目が移行すると数が激減し、１９７２年にはわずか5頭に。その後、保存会などの努力により、現在は81頭（２００８年）になっている。

野間馬に会える場所

野間馬ハイランド

野間馬71頭を飼育。4歳～小学6年生まで、体重50kg以下の子ども限定で乗馬体験も実施。野間馬と柵越しに触れあうこともできる。在来馬の資料展示場も併設している。

•

住所：愛媛県今治市野間甲８

TEL：0898-32-8155

URL：http://imabari-th.esnet.ed.jp/hpk_2/nomauma-shisetsu.html

購入に関するお問い合わせ先：購入不可

対州馬《たいしゅうば》

朝鮮半島から伝わったウマが起源といわれ、古くから長崎県の対馬で飼育されてきた。１２７４年の元寇の役で武将を乗せて活躍したことでも知られている。山地の多い島の中で、荷物を運んだり、人を乗せたり、畑を耕す農耕馬として利用され、九州の炭鉱でも使われていた。体高は１２５～１３５cm。頭数は30頭（２００８年）と、日本で一番少ない在来馬になっている。現在は乗用馬として、観光資源として活用されている。

対州馬に会える場所

目保呂ダム馬事公園

乗馬体験やウマとの触れあい、見学ができる。緑豊かな草原や、川辺を歩くトレッキングコースも。毎年10月には、伝統行事の対州馬による競馬「馬跳ばせ」が開催される。

•

住所：長崎県対馬市上県町瀬田

TEL：0920-85-1113

URL：http://www.city.tsushima.nagasaki.jp

購入に関するお問い合わせ先：購入不可

御崎馬《みさきうま》

宮崎県の南端・串間市の都井岬に生息。江戸時代に高鍋藩が設けた御崎牧で繁殖されていたウマたちが、そのまま残され、自然繁殖で数を維持してきたウマ。明治維新後は、農耕馬として活用されていた。現在は、観光資源として、都井岬の中で以前と変わらず半野生馬として繁殖を続けている。日本在来馬の中で唯一、国の天然記念物に指定されている。体高は１２０~１３０㎝。２０１０年現在の頭数は１１１頭となっている。

御崎馬に会える場所

都井岬ビジターセンター

御崎馬が暮す都井岬の中にあるビジターセンター。御崎馬の生態や歴史を学ぶことができる。都井岬では、御崎馬を見学できるほか、乗馬やふれあい体験も可能。

•

住所：宮崎県串間市大字大納42-1

TEL：0987-76-1546

URL：http://kushimania.jp/toivisitor

購入に関するお問い合わせ先：串間市教育委員会文化係（旧吉松家住宅内）（応相談）　TEL：0987-72-6511

トカラ馬

鹿児島県のトカラ列島の島に残されていた体高１００~１２０㎝の小型のウマ。１９５２年に確認され、トカラ馬と命名された。明治時代に奄美諸島から導入されたウマの子孫といわれている。その後、島の中だけで繁殖され、農耕馬として利用されていた。農作業の機械化が進むと、繁殖・維持のために鹿児島県本土へ移動。現在の頭数は１１５頭（２００８年）で、主に観光資源として保存されており、今後の活用の場が模索されている。

トカラ馬に会える場所

宝島・トカラ馬保存会

鹿児島本土から再び宝島へトカラ馬を導入した保存会が所有するトカラ馬１頭と、引き馬による乗馬や海あそびを体験できる。エサやりもできるほか、放牧時には自由に触れあうことが可能。

•

住所：鹿児島県鹿児島郡十島村宝島

TEL：09912-4-2020

URL：http://takarajima-tokarauma.com

購入に関するお問い合わせ先：購入不可

宮古馬《みやこうま》

琉球王朝時代から宮古島で飼われていたウマ。長年、農耕馬や駄載馬として利用されてきた。温厚な性格でよく懐くといわれている。明治時代以降は、宮古島でサトウキビの栽培が行われるようになり、サトウキビ畑での農作業や収穫物の運搬に従事し、各家庭に普及していた。１９８３年には７頭まで減ったものの、保存会を中心に繁殖が行われ、２０１０年には37頭まで増えている。体高は１１０～１２０cmで、在来馬の中でも小型の部類に入る。

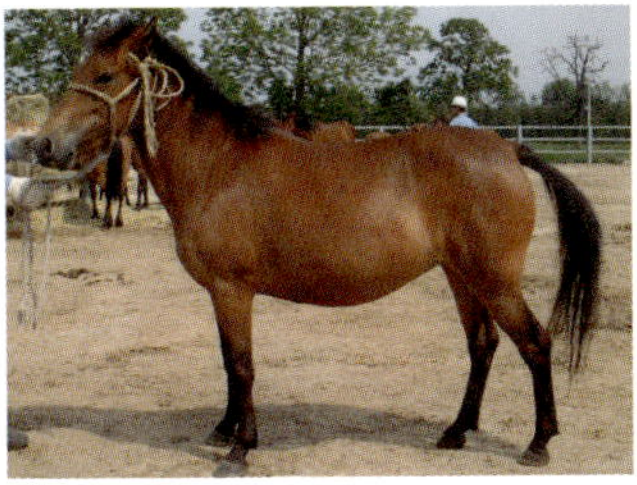

宮古馬に会える場所

荷川取牧場

6000坪の広大な敷地の中で、ゆったりと宮古馬が飼育されている。草原で草を食む宮古馬を見学できるほか、引き馬や、草原での外乗と乗馬も楽しむことができる。

•

住所：沖縄県宮古島市平良字下里2606-2

TEL：090-9781-1977

URL：http://nikadorifarm.ti-da.net/

購入に関するお問い合わせ先：購入不可

与那国馬《よなぐにうま》

沖縄県・与那国島で、コメやサツマイモ、サトウキビなどの運搬のために飼われていたウマ。貴重な交通手段としても活躍していた。いつ島にやってきたかは不明。離島のウマなので他種との交雑がなく、最も純粋な在来馬といわれている。体高は１１０～１２０cm。２００８年の時点で85頭が飼育されている。従順で大人しく、忍耐強い性格から、子どもたちの情操教育として、また観光資源として地元で大切に守られている。

与那国馬に会える場所

ヨナグニウマふれあい広場

事前予約で初心者から経験者までレベルに応じた乗馬体験ができる。与那国島の自然を満喫できるトレッキングや、与那国馬と一緒に海に入る「海馬遊び」も人気。

•

住所：沖縄県八重山郡与那国町与那国4022

TEL：090-1941-4758

URL：http://www.yonaguniuma.com/

購入に関するお問い合わせ先：担当 前楚《まえそ》 TEL：090-7164-4792

写真提供：独立行政法人 家畜改良センター

ミニチュア・ホースの牧場を訪ねて

ポニーの中でも小柄なミニチュア・ホース。
家庭でも飼えるウマとして、今、注目を集めています。
話題の小型のウマは一体どんなウマなのでしょうか。
長年ミニチュア・ホースを飼育しているスエトシ牧場を訪ねました。

山並みの景色が美しい高原にある牧場

長野県・佐久市。車で山道を進むと、スエトシ牧場の看板があらわれます。さらに進むと、訪れる人を出迎えるかのように道端で草を食べるミニチュア・ホースが。ここでは25頭のミニチュア・ホースが飼育されており、専用の放牧場では、山々を見渡す高原でのびのびと過ごす姿を見ることができます。

牧場には乗馬クラブも併設され、サラブレッドやクオーター・ホース、ポニーの姿も。養老馬を預ける施設もあり、ウマの供養まで行うウマづくしの牧場です。

さらに、ヤギ、ウサギ、ラマやシロシカなど、さまざまな動物との触れ合いも可能。宿泊できるコテージもあり、ファームステイができるのも魅力です。

牧場にいるミニチュア・ホースは体高約70〜85cm。アメリカン・ミニチュア・ホースやファラベラが飼育されている。放牧場のほか、牧場内のさまざまな場所で繋牧されているミニチュア・ホースの姿を見ることができる。

放牧場に隣接する厩舎。ウマたちは日中、厩舎前のスペースで乾草を食べたり、放牧場で草を食べたりして過ごす。

林に囲まれた広大な放牧場には、オスのミニチュア・ホースが放牧されている。

ミニチュア・ホースの子ウマがサラブレッドやロバとご対面。大きなウマも、小さい仲間に興味津々の様子。

繋牧されているのはメスやその子ウマたち。子ウマは母ウマの側から離れないので、繋ぐことはしない。

牧場の1日

朝7:30、ウマを外に出して馬房掃除から1日がスタート。

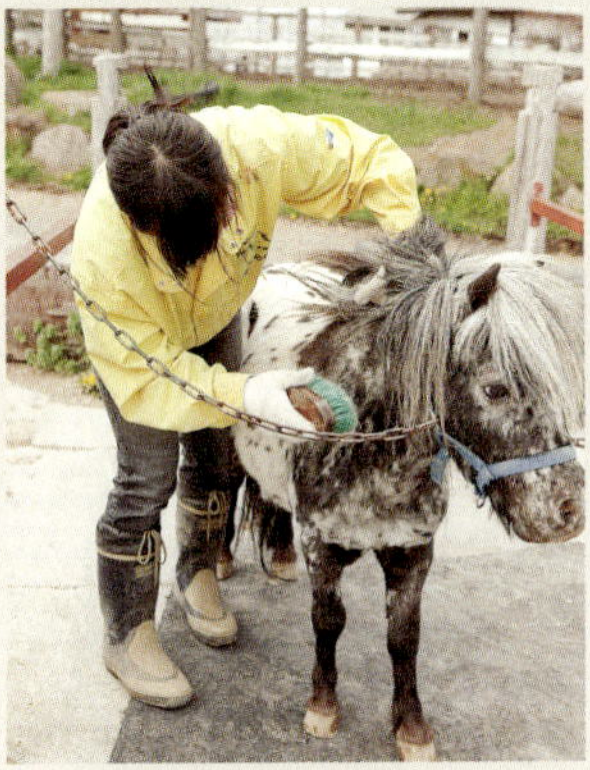

日中は定期的にブラッシング、裏掘りなどのお手入れを行う。

掃除の後は、エサを配合してウマを厩舎に戻す準備をする。

牧場の仲間たち

ウマを飼いたい人のために ミニチュア・ホースを導入

スエトシ牧場を営む藤原さんは、元はサラリーマン。25歳の時、お義父さまの酪農の牧場を継ぎました。子どもの頃からウマが好きだった藤原さんは、「同じ家畜を飼うなら、人に楽しんでもらえることがしたい」と、牧場を訪れた人が触れ合えるようにポニーを飼いました。その後、サラブレッドを導入し、乗馬クラブを営むように。クラブに訪れる人と話すうちに、できれば自分でウマを飼いたいと思っている人が多いことを知りました。そんな時、ミニチュア・ホースの存在を知り、20年前にアメリカから26頭のミニチュア・ホースを導入。大きいウマが飼えない人でもウマを飼えるようにしたいと、繁殖・販売を始めたのです。当初は珍しかったミニチュア・ホースですが、平成8年ごろからテレビで放映され始め、認知度があがっていったそうです。

「飼い主さんにウマが飼えてよかったと喜んでもらえることがうれしい」と藤原さん。

スエトシ牧場
専務取締役　藤原直樹さん

「ミニチュア・ホースの一番の魅力は、イヌのように一緒に散歩ができること。エサ代は月5000円程度で、臭いもなく、フンは肥料になります」と藤原さん。ペットとして飼いやすい面もありますが、飼育に適した環境が用意できるか、責任を持って飼い続けられるかは重要なポイント。問い合わせがあると、どんな環境で飼うのか聞いて相談し、確実に飼っていける人に販売しているそうです。はじめてウマを飼う人も多いので、飼い方を一から説明し、飼育用品も販売してサポートしているといいます。

「日当たりのいいところで飼ってもらいたいのですが、暑さに弱いので日除けは絶

生後１ヶ月のミニチュア・ホース。子ウマはよく眠るので、春にはこんな寝顔に出会えることも。

春は出産のシーズン。4〜5月には生まれて間もない子ウマの姿が見られる。

乗馬クラブでは馬場内のレッスンのほか、近隣の山での外乗も楽しめる。

牧場内にはカフェや休憩スペースも。自由に歩き回る動物たちに癒されながらくつろげる。

対に必要です。屋根つきの小屋や木陰などに自由に入れるようにしてほしいですね。また、風邪も引きやすいので、鼻水が出ていたら体調に注意して見てもらうようにお願いしています」など、注意点も丁寧に話しています。

また、ミニチュア・ホースはペットとして飼育するほかに、子どもたちとの触れ合いにも適しているそう。

「大きいウマは怖い、という子どもでも小さいウマなら触れることができるので、ホース・セラピーにも役立てると思います。町のイベントにミニチュア・ホースを連れて出張することがありますが、いつも子どもたちの間で大人気ですよ」。

ウマを飼いたい人の夢を実現させたミニチュア・ホース。今後、ますます活躍の幅が広がりそうです。

ウマの毛色いろいろ

ウマの毛色には独自の呼び方があります。単に体の色だけでなく、たてがみや尾、肢の色なども含めて、呼び方が決まっていることも。たくさんある毛色のうち、ほんの一部ですが代表的なものをご紹介します。

青毛《あおげ》

体の被毛からたてがみ、尾などの長毛まで、全身がまっ黒の毛色。ペルシュロン種に多く見られる。

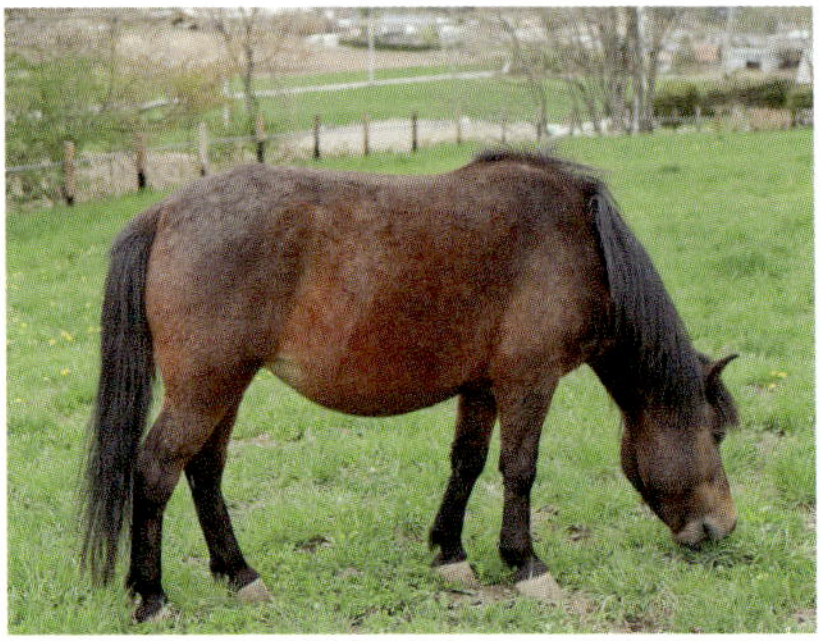

鹿毛《かげ》

明るい赤褐色から黄褐色の体に、たてがみ、尾、肢、鼻先が黒い毛色。

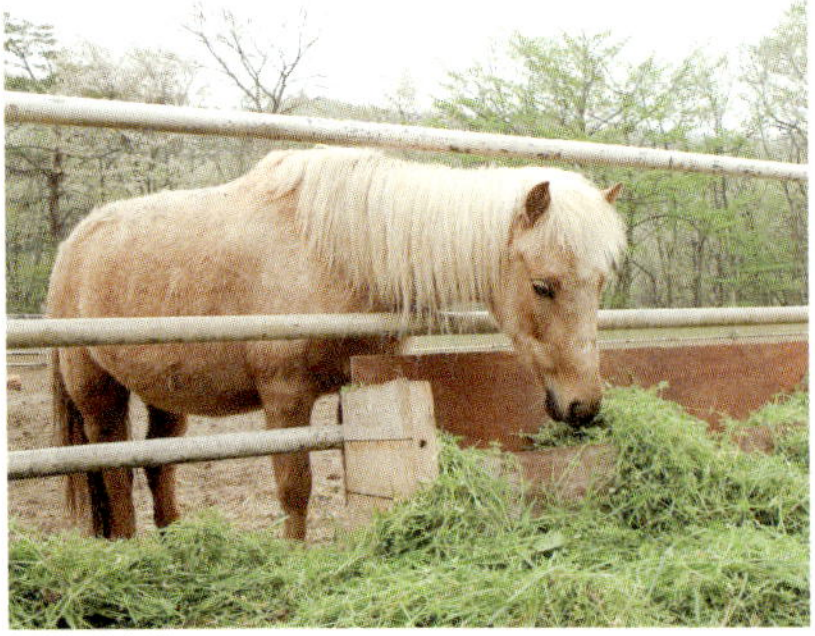

尾花栗毛《おばなくりげ》

栗毛や栃栗毛のウマの中で、特にたてがみと尾が金色のものを指す。

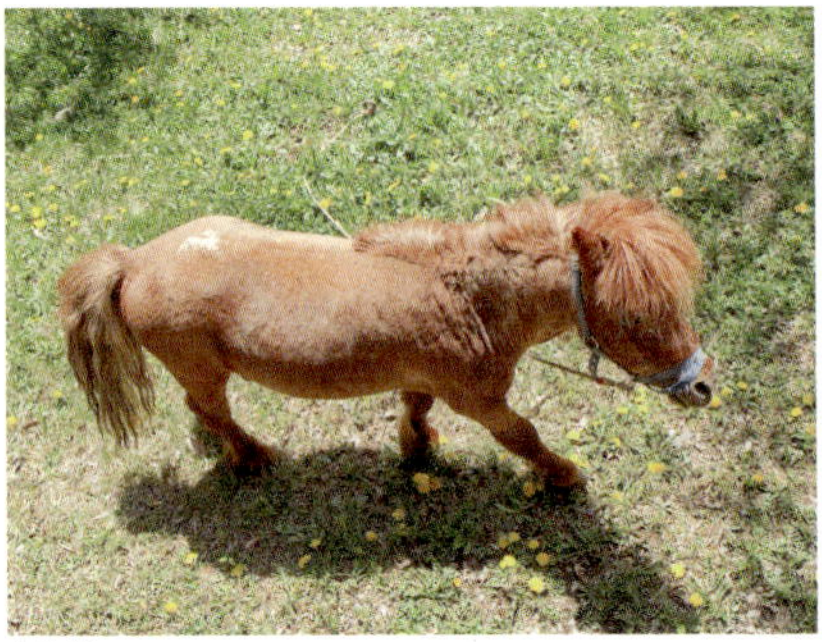

栗毛《くりげ》

体は黄褐色で、たてがみや尾の色が体よりやや濃いか白に近い淡い色のものまでを指す。

白毛《しろげ》

たてがみ、尾、肢から蹄まで、全身がほとんどまっ白のウマ。皮膚はピンク色をしている。

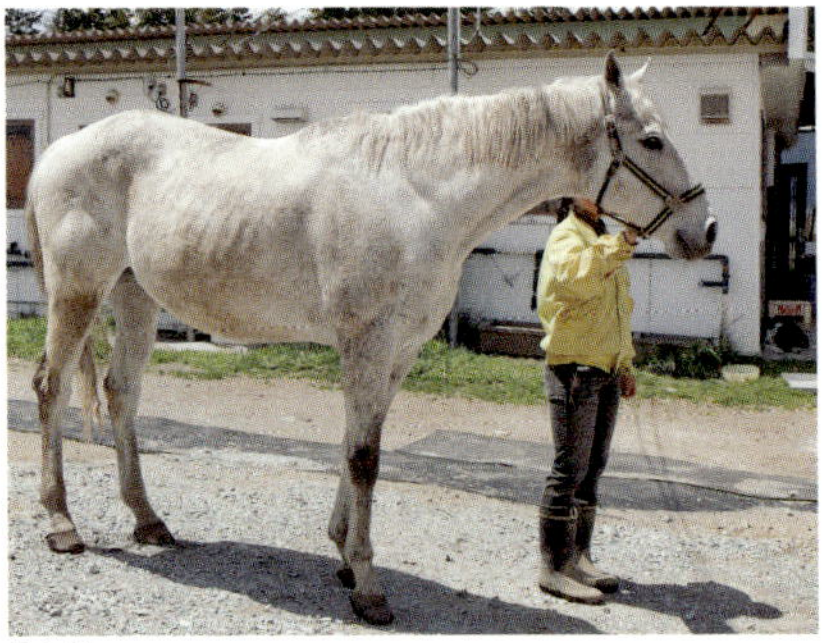

芦毛《あしげ》

栗毛、鹿毛、青毛などの毛色の全身に白い毛が混在し、年齢があがるにつれて白の度合いが強くなる毛色。

写真提供：独立行政法人 家畜改良センター

小さなウマ飼いへの道

～もっと詳しく編～

正しいエサの与え方は？

エサの量はウマの体を見て判断を

野生のウマは草だけを食べて生きるので、本来、ウマが食べるものは草だけで大丈夫なものです。けれど、野生ではウマが自由に食べたい草を食べられるのに対して、飼育下では、ウマが草を選んで食べることができないので、栄養が偏りやすい状態になっています。放牧場で草をたくさん食べさせられるという場合でも、栄養価が高い乾草も与える必要があります。濃厚飼料は栄養豊富ですが、与えすぎは太りすぎや消化のトラブルを招くので、なるべく繊維質の多い粗飼料で栄養を補給します。

では、具体的には毎日何をどれくらい、与えればいいのでしょうか。一日に必要な乾物の量は、およそ体重の2～3％といわれています。体重200kgのポニーなら、1日4kgのエサが必要になる計算になります。乾物は、エサにまったく水分がない状態のことなので、実際はもっと多くの量を与える必要があります（青草の水分含量は80％前後なので、青草だけなら約20kg。乾草の水分含量は15％前後なので、乾草だけなら約5.3kgが必要）。ただし、これはあくまで目安の量。実際は個々のウマの消化能力や年齢、飼育環境、運動量によって大きく差がでてきます。エサの栄養成分も、同じ種類の乾草でも地域や季節によって異なります。さらに、収穫時期によっても1番刈り、2番刈りと区別され、栄養価も異なります。

そこで、実際は購入前にウマに与えられていたエサの内容をよく聞いておき、その量を基準に、ウマの様子を見ながら調整していくことになります。ウマの太りすぎ、やせすぎを判断するボディコンディションスコアの表を左にあげました。この表を見てエサの量を調節することになりますが、急にエサの量を変えると胃腸のトラブルの原因になるので危険です。エサの内容を変える時は、必ず少しずつ変えるようにしてください。

乾草の与え方

長さがある場合は食べやすい長さにカットする。

圧縮されている乾草はよくほぐして食べやすくする。

ニンジン、リンゴの与え方

リンゴは8～12等分して種を取り除く。

ニンジンはスティック状にして、小さいウマの場合はさらに1/3～1/2にカットする。

ウマのボディコンディションスコア

スコア	区分	状態
1	削痩	棘突起や肋骨が顕著に突出している。キコウや肩の骨構造が容易に確認できる。
2	非常にやせている	棘突起や肋骨、腰骨が突出し、キコウや肩の骨がわずかにわかる。
3	やせている	キコウ、肩の区分が明確。腰角は丸みがあるが簡単に見分けられる。
4	少しやせている	キコウ、肩の区分がわかる。肋骨がかすかにわかる。腰角は見分けられない。
5	普通	肋骨は見分けられないが、触れるとわかる。背中央が平ら。
6	少し肉付きがよい	背中央に少しへこみがある。キコウの両側、肩のまわりに脂肪がある。
7	肉付きがよい	背中央にへこみがある。肋骨のまわりに脂肪がある。
8	肥満	背中央にへこみがあり、触っても肋骨がわかりにくい。キコウのまわりに脂肪が溜まっている。
9	極度の肥満	背中央が明瞭にへこむ。肋骨まわりは脂肪におおわれ、キコウ、肩後方が脂肪で膨らんでいる。

消化のしくみ

消化に時間がかかるウマの消化器官

ウマはいわずと知れた草食動物ですが、同じ草食動物のウシやヒツジ、ヤギとは消化のしくみが少し違っています。ウシやヒツジは4つの胃を持ち、胃の中で草の繊維をエネルギーに変えるのに対して、ウマの胃はひとつ。全体の臓器の中でも小さく、胃の容量は8～15ℓです。代わりに大腸がよく発達していて、大腸内の微生物の働きで繊維を発酵し、エネルギーに変えて消化・吸収しています。特に盲腸は約1mと大きく、25～30ℓもの容量があります。盲腸内では、ビタミンの合成も行われます。

食べたものを消化する速度も、胃は1～3時間と早めに通過しますが、盲腸では約5～10時間、結腸に10数時間、食べたものが滞在します。最終的にフンになって出始めるのが20～22時間後、36～40時間で最大量になり、すべて排出するのに約3日間かかります。このように、長い腸の中を、膨大な時間をかけて食べたものが移動するため、ウマは消化器のトラブルが多くみられます。

特に、疝痛《せんつう》と呼ばれる腹痛の症状が表れることが多く、一度にたくさんの量を食べると、この疝痛や胃破裂《いはれつ》の原因になります。また、消化管内を食べたものが早く通過してしまうので、微生物の消化作用が不十分になってしまいます。疝痛は悪化すると命に関わることも。どんなに忙しい時でも、ウマのエサは1日3回と、こまめに分けて与えてください。

ウマは唇で草をもぎ取り、上下の歯をすり合わせ、草をすりつぶして食べている。

エサを与える時の注意点

かわいいウマには、つい好きなエサをたくさんあげたくなりますが、ウマの健康を考えると、草以外のエサの与えすぎは禁物です。ウマはヘイキューブが大好きですが、これも与えすぎると蹄葉炎《ていようえん》の原因になります。特にポニーは蹄葉炎にかかりやすいので気をつけましょう。ニンジンやリンゴなどの野菜や果物も、ウマが喜ぶからと、急に何個も与えてはいけません。子どもやお客さんが、ウマの好きなものを一時にたくさん与えすぎて過食にならないよう、注意してください。

ニンジンは、大きいまま与えると食道が詰まる食道梗塞《しょくどうこうそく》の原因にもなり、危険です。必ず小さく切ってから与えましょう（99ページ参照）。乾草もよくほぐして、長すぎる場合は適度な長さに切ります。ヘイキューブを与える時は、ハンマーなどでたたいて細かく砕いてください。

また、エサに混ざったガラスのかけらや金属片などを食べてしまわないよう、放牧場や飼い桶、飼料庫に異物が落ちていないか確認しましょう。

エサの保管にも注意が必要です。湿気から乾草にカビが生えると、ウマの健康を損ねてしまいます。梅雨の時期は特に注意して、ウマのエサは決して濡れず、日があたらず、湿気が少なく風通しのいい場所で保管します。

水もなるべく新鮮できれいな水が飲めるようにしてください。大きな容器よりも、水替えや掃除が楽な大きさの水桶を用意して、こまめに水を足し、毎日洗うようにしましょう。

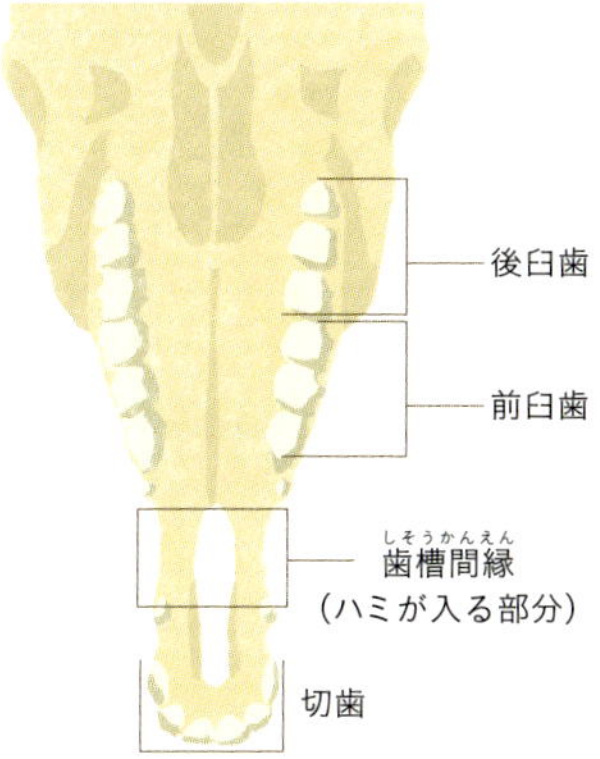

ウマは犬歯と臼歯の間にすき間があり、ハミを装着してもエサを食べるのに邪魔にならない歯並びになっている。

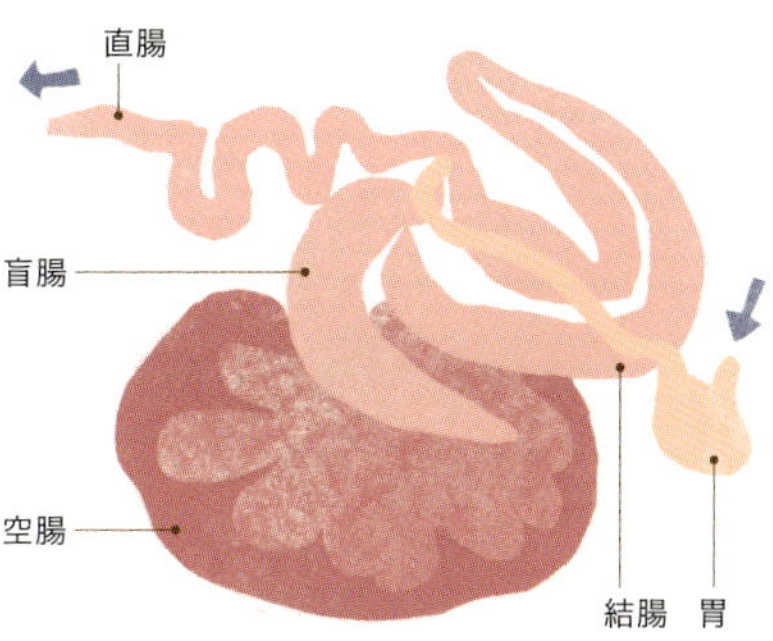

ウマの消化器官。盲腸が大きく、この中の微生物の作用で草の中の繊維をエネルギーに変えている。

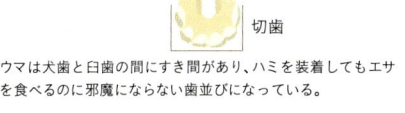

ウマの行動

ウマならではの行動と感情表現

ウマには本来の習性に沿ったものや、ウマ自身の感情や要求を表す動作など、さまざまな特徴的な行動があります。ウマと仲良くなるために、ウマがよくとる行動とその意味を知っておきましょう。

ウマの耳を見ると、ウマがどこに注意を向けているかがわかります。ウマの耳は左右それぞれで自由に動かせるので、ウマの両方の耳がピンとたって一方向を向いている時は、その方向にウマが注意を払い、警戒している証拠です。

逆に耳を伏せている時は、怒っている場合です。

群れの中のウマは警戒すると鼻をならしたり、歯をむき出したりして仲間に知らせます。また、ウマは怒っている時、ストレスが溜まっている時に頭を激しく上下に振ることもあります。

飼われているウマの問題行動といわれるのが、噛み癖、蹴癖です。このほか、体を左右にゆする熊癖、前歯にものを当てて空気を吸い込むさく癖などが問題行動としてあげられます。これらの行動は、ウマのストレスの表れなので、ウマがこんな行動を示したら、飼育環境がウマにストレスを与えていないか、よく見直す必要があります。日頃からウマの表情や行動をよく観察しておきましょう。

群れの仲間に向かって呼びかける行動。鳴き方によって、あいさつ、警戒、注意などのメッセージを伝えている。

上唇をまくって臭いを嗅ぐ動作。発情期のほか、慣れない臭いを鼻の奥で嗅ぐために行う動作。

立ったまま眠る

ウマは立ったまま目を閉じてうとうと眠ることが多い。安心しきったウマは、体を倒して寝ることもある。

前肢を地面に引っかく

「前掻き」と呼ばれるウマがエサなどを要求している動作。骨折や疝痛時などに痛みを訴えて行うことも。

草を食べる

野生のウマは1日14～16時間草を食べている。草がある場所にウマを放すとほとんどの時間、草を食べて過ごす。

地面でゴロゴロする

体表についた虫を払い、皮膚を守るために、砂の上やワラの上に寝そべる。ウマにとってはリラックスの時間。

耳を立てる

耳を立てて向けている方向にウマは注意を向けている。正面から呼ぶと、耳を立てて向けてくることもある。

仲間と一緒にいる

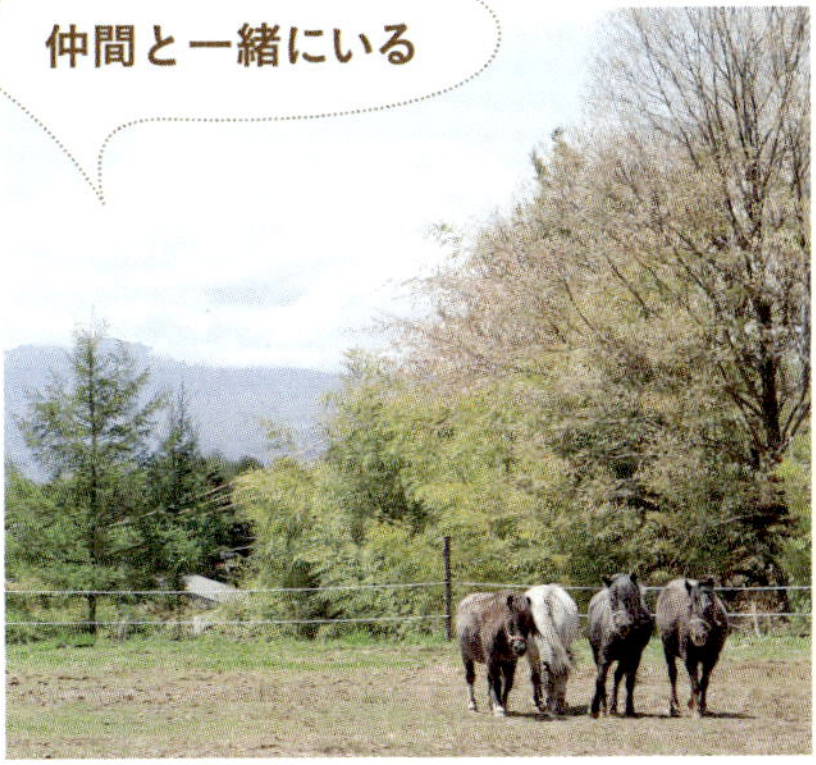

ウマはスキンシップを好むので、多頭飼いでは群れの仲間同士で集まり、毛づくろいをしあったり、寄り添っている。

コミュニケーションの方法

ウマと対等に接する意識を持つ

ウマと仲良く楽しく過ごすために、まずは安全のために大切なことを覚えましょう。ウマの真後ろに立たない、ウマを驚かさない、ということは、人やウマがケガをする事故を防ぐために、必ず守ってください（詳細は左ページ参照）。

そして次に、ウマはスキンシップが好き、無視されることが嫌い、ということを覚えておきましょう。その日、はじめてウマに会ったら必ず声をかけて、あいさつをし、よく撫でてあげましょう。また、ウマの方から寄ってきた時も、よく撫でて、声をかけるようにしましょう。

ウマは想像以上に人のことをよく見ていて、人の感情を見抜きます。ただ不機嫌という理由でウマに厳しくあたったり、いつもと態度を変えていると、ウマはあなたを気分屋な人間だと理解し、不信感を抱きます。また、ウマを無視して終始作業に没頭していると、ウマもあなたに関心を寄せなくなります。ウマの態度は、自分の態度の鏡と考え、仲良くなりたいなら、まず自分からウマに話しかけて触れるようにしましょう。

また、ウマの方から人に気がついて欲しくて噛みつくこともあります。ウマに悪気はなくても、噛みつかれるとケガをする可能性があります。噛まれた時には叱って、やめさせるようにしましょう。

ウマが人を噛まなくてもいいように、日頃からよく構い、ウマから近づいてきたり、鼻で触れた時にすぐ反応するようにして、噛むことを覚えさせないようにすることも大切です。

ウマと触れあう時の心得

ウマを驚かさない

ウマが驚くことをするのは厳禁です。大きな声や音を出したり、突然触れるほか、傘をひらく、シートを広げるといった日常の些細な動作でも、ウマは驚くことがあります。驚いたウマは、悪気がなくても人にとって危険な行動をとってしまうことがあるので、注意しましょう。

ウマの真後ろに立たない

ウマは自分の真後ろが死角になっています。死角からいきなり触られたり、声がすると、臆病なウマは驚いて蹴り上げてしまうことがあります。小さくても、ウマはウマ。後肢の力は強く、人間の方が骨折するなどケガの原因になるので、ウマの真後ろには決して立たないようにしましょう。

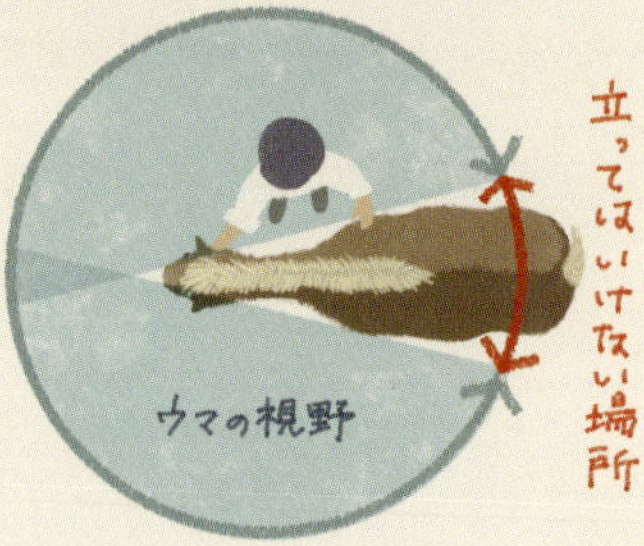

なるべくウマに触れる

ウマは触れられると安心します。体を撫でたり、寄り添ったりしてなるべくウマに触れましょう。ブラッシングやマッサージも効果的です。ウマの方から舐めたり、噛んだりしてくることもあります。お返しに毛づくろいするつもりかもしれませんが、噛んできたら優しく、時には厳しく注意してください。

ウマにあいさつする

その日、はじめてウマに会ったら、「おはよう」などと声をかけてみましょう。ウマの方も飼い主さんに顔を向けてくるので、顔をやさしく撫でて、丁寧にあいさつします。日常的にあいさつをしていると、ウマの態度がいつもと違う時に異常に気がつきやすく、健康管理の面でも役立ちます。

運動の方法

適度に運動させる工夫を

ペットのウマは、競走馬や乗用馬と比べてはるかに運動量が少ない状態で生活しています。野生のウマは、競走馬や乗用馬のような運動をすることはありませんが、群れの中で権力争いや繁殖行動をしたり、冬場のエサが少ない時期を耐え抜く必要があるため、太りすぎることはありません。ペットのウマは、最も太りやすい状態におかれているのです。だからといって、ただエサを減らすだけでは、ウマのストレスになるばかりか、エサの繊維量が不足すると消化器のトラブルを招いてしまいます。

太りすぎ対策には、日頃からなるべく運動させることしかありません。また、ウマにストレスがかからないようにするためにも、運動は必要です。広い放牧場で飼って、ウマが自分で走ったり、草を探したりと自由に運動できることが理想ですが、家庭で飼う場合は、必ずしもウマが喜んで走れるほど広い放牧場が用意できるとは限りません。ミニチュア・ホースの場合は特に、限られた土地で飼う場合が多いでしょう。そんな時は、なるべく毎日散歩に連れ出したり、定期的に放牧できる広い場所へ連れて行き、ウマに思う存分運動させるようにしましょう（散歩の詳細は108ページを参照）。

繋牧中のミニチュア・ホース。リードは丈夫な杭や柵につなぐようにする。

放牧場の地面は草地が理想的。難しい時は水はけのよい土や砂にする。コンクリートは蹄に悪影響なので厳禁。

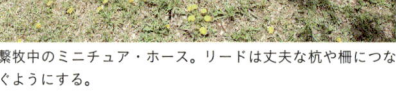

放牧と繋牧《けいぼく》

ウマを柵で囲んだ中に放すことを放牧といいます。そして、リードをつけて杭などにつなぎ、動ける範囲で自由にさせることを繋牧と呼びます。放牧場に草がない場合、飼い主さんが刈ってくるだけでなく、草のある場所で繋牧をしてもいいでしょう。その際は、除草剤がまかれていないか、誤って食べると危ないゴミが落ちていないか確認しておきましょう。春に突然草を食べさせると疝痛など胃腸トラブルの原因に。短い時間からはじめて、徐々に長くするようにしましょう。

放牧の際には、ウマが興奮して飛び跳ねてケガをしたり、逃げ出したり、出し入れの際に暴れて人がケガをする事故も起こりやすいので注意が必要です。

自分のウマで乗馬をするには

ミニチュア・ホースでは乗馬できませんが、大きめのポニーや在来馬なら、大人でも乗ることができます。乗馬をするためには、人が乗馬技術を身につけることはもちろん、ウマの側にも人を乗せるための訓練が必要です。ペットとして飼い始めたウマで乗馬をしたい場合は、専門のトレーナー（調教師）にお願いして、調教を行います。最初から乗馬するつもりでウマを飼う場合は、あらかじめ調教されているウマを探したり、調教もお願いできることを前提にウマを探すことが近道になります。

ちなみに、ウマは道路交通法では軽車両にあたります。道路上での交通ルールは自転車と同じです。

その他の運動方法

ペットのウマ以外に行われているウマの運動方法には、次のような方法もあります。

追い運動

肥育馬、妊娠したウマの運動方法として行われる。円形のパドックでウマの群れを後から追いたてて走らせる。複数のウマを同時に運動させることができる。

調馬索《ちょうばさく》

専用のリードをつなぎ、人のまわりを円形に走らせる方法。調教の初期段階や、乗馬前のウォーミングアップ、初心者の乗馬レッスンなどで行われる。

散歩のトレーニング

散歩のルールを守ることが第一

散歩は比較的狭いスペースで飼われることが多いミニチュア・ホースにとって大切な運動手段です。いくらミニチュア・ホースが大人しく従順といっても、いきなり散歩に出られるわけではありません。牧場で散歩の訓練をされている場合でも、まずは練習から始めましょう。

散歩のマナーやルールはイヌの場合と同じです。歩く方向は飼い主さんがリードし、ウマが人より前を歩いたり、人を引っ張って走らないようにしましょう。ビニール袋を持参して途中でフンをしたら拾い、尿をした場合も、できれば水を撒いて臭いを薄めます。

ウマの散歩でよく起こることは、ウマが道草を食って、なかなか前に進めないことです。ウマが草を食べることは、本能の一部。特に日頃から草を食べていないウマの場合、なりふり構わず、草に突進していくことがあります。どうしても食べて欲しくない場所では注意をする必要がありますが、毎回叱っていては、ウマにも人にもストレスになります。ウマは散歩中に草を食べる、ということを前提に、時間に余裕を持ち、ウマのペースでのんびり歩く心構えで出かけましょう。

また、どんなに訓練を積んでも、草に突進する時はもちろん、何かトラブルがあってウマが暴れた場合、ひとりでは対処できないほど強い力を出すことがあります。いくら小さなウマであっても、散歩はなるべく大人2人で行ってください。

ウマに必要な散歩のトレーニング

Step1. 無口をつける

散歩のほか、ウマをつないでおくためにも必要な無口。何度もつけて慣れさせることはもちろん、つけやすいよう装着時に下を向くように教えておきましょう。つける前後にニンジンなどのごほうびを顔の下から与えると早く覚えます。ウマの中で散歩と無口が結びつくと、問題なくつけられるようになります。

Step2. リードをつけて歩く

無口をつけたら、リードをつけて一緒に歩いてみましょう。この時、人の横を歩かせるようにします。人より前に出たら、声を出して叱り、止まる、曲がるなどの指示が聞けるようになるまで繰り返し練習します。リードに慣れて指示に従って歩けるようになったら、いよいよ外へ散歩に出かけます。

Step3. 外に出て歩く

散歩コースは、あらかじめ下見をして、ウマにとって危険がないか、ウマを驚かせるものがないかを確認して決めておきましょう。人や車の交通量が少ない道を選び、隣人の畑など食べてはいけない植物がある場所は避けましょう。ウマを引いて歩く場合も、道路交通法で軽車両にあたるので左側を歩くようにします。

繁殖について

繁殖をしたい時は

自分で飼っているウマを繁殖したい時は、ウマがいる牧場などに相談して行うことになります。自分のウマのペアになるオスやメスを自宅に連れてくるか、逆に自分のウマを連れて行き、種付けをして、妊娠を確認できたら出産を待つ、という流れになります。

はじめから去勢していないオスとメスを飼って繁殖を試みることは、ウマに詳しくない限りやめましょう。繁殖には母ウマの病気や事故、流産などのトラブルもつきものです。必ずウマを扱っている牧場の方など、専門家の指導を受けて実践するようにしてください。

一度に生まれる子ウマは一頭ですが、ウマの引き取り手も簡単に見つかるものではありません。繁殖は子ウマの将来も考えて計画的に行う必要があります。

ウマの繁殖生理

一般的に、ウマはオス、メスともに生後2年で性成熟して、交配が可能になるといわれています。小型のウマの場合はもう少し早く、15～16ヶ月で繁殖できるようになります。とはいえ、まだまだ発育中の若いウマに出産や育児をさせることは、母ウマの負担になるので、母ウマが充分に成長してから交配を行います。競走馬の場合、メスの繁殖の適齢期は5～11歳といわれています。

ウマの繁殖期間は春～夏。ウマは春になって日が長くなり、暖かくなると発情し、これは長日性発情と呼ばれています。メスは20～24日周期で発情と排卵を繰り返します。発情するのは、この間の4～6日間です。

メスの発情は、外陰部が大きくなること、しっぽをあげたり振ったりが多くなること、排尿の回数が多くなり、排尿の後に紅潮した膣粘膜が見えることなどからわかります。

発情徴候が表れると、1日後に交配を

実施します。交配の後、次の発情が来なければ、妊娠していると考えられます。
ウマの妊娠期間は300～365日。妊娠9ヶ月以降には、ウマは自分で運動しなくなるので、追い運動などを行って、適度に運動をさせるようにします。分娩の20日前には乳房が張ってきます。1～2日前には乳頭から透明な分泌物が出て乾燥し、ヤニがついたように見えます。

ウマの出産は夜が多く、たいてい夕方6時～午前4時の間です。陣痛が強くなると羊膜が見えはじめ、羊膜が破れて羊水が流れると、15～20分で子ウマが生まれます。時には陣痛が長引く場合や、生まれてくる子ウマが逆子で前肢から出てこないこともあります。その際は獣医師に連絡をして、人の手で出産を手伝うことになります。

子ウマが生まれたら、まず乾いたタオルで鼻や口をきれいに拭き、全身も早く乾くように拭いていきます。子ウマは生後30分～1時間で立ち上がり、母乳を飲み始めるでしょう。
子ウマは人に慣れるように、生まれた時からなるべくたくさん触れて育てます。こうして育った子ウマは人懐っこいウマに育つのです。

子ウマが生まれてから3日ほど出るお乳を初乳といい、生きるために必要な免疫成分が含まれているので、必ず飲ませるようにする。

繁殖期のメスの臭いをかぐと、オスはフレーメンと呼ばれる上唇をめくって臭いをかぐ動作をすることがある。

群れを作って生活しているウマのオスは、権力争いのケンカをすることも。犬歯で噛みあうので出血を伴うケンカになる。

老齢になった時のケア

おさえておきたいウマの老化

大切な愛馬には、できる限り長く健康に生きてほしいものです。ウマも、年齢を重ねることによって、健康面で気をつけなければいけないことが増えていきます。あらかじめ、老齢になった時のケアを知っておきましょう。

まず、ウマは歳を重ねると、どのように変わっていくのでしょうか。ウマの見た目は、若いウマと著しく変わることはありませんが、時々、背中がへこむように曲がることもあります。また、消化吸収能力が低下するので、全身が痩せていきます。老齢になって痩せてきたらエサの栄養価を見直し、体型の維持に気を配ることが必要です。

また、ウマは生涯歯が伸び続けるので、噛む時のバランスが悪いと歯が適度に摩滅せず、長くなってしまう過長歯という病気になることがあります（詳細は116ページ）。そうなるとエサを食べこぼしてしまうこともあるので、歯の様子も時々確認するようにしましょう。

エサの与え方に注意する

老齢馬は、食べたものが喉に詰まる食道梗塞（詳細は116ページ）も起こしやすくなっています。なるべくゆっくり食べさせるために、青草、乾草などのエサは、できるだけ細かくしてから与えるようにしてください。

また、どうしても痩せてしまう場合は、少量の濃厚飼料やオイル類を、少しずつ量を増やしながら与えて様子を見るようにします。

適度な運動を取り入れ健康チェックを念入りに

高齢になっても、適度な運動は必要です。放牧をしたり、ウマを引いて歩いたりして、ゆっくりと運動する機会を作りましょう。

また、免疫機能が衰えるので、各種の病気も起こしやすくなります。今まで何でもなかったことが、病気やケガの引き金になるので、より慎重に健康チェックと管理を行うようにしてください。

老齢のウマに多い死因としては、疝痛などの消化器疾患、骨折や蹄の病気によって立てなくなること、夏の暑さなどで全身状態が悪化することがあげられます。

ウマは病気が原因で立てなくなると、自分の体重で床ずれが生じ、急速に衰弱してしまいます。何かの病気が立てなくなるほど悪化する前に発見できるように、注意することが必要です。

それと同時に、病気や体調が悪化する原因を作ってしまわないように、夏の暑さ対策など、飼育環境の改善に努めましょう。

ウマの健康管理

健康チェックを日課に

ウマの健康を維持するには、日頃の世話を規則正しくきちんと行い、適宜お手入れをすることが欠かせません。加えて、病気を見落とさないよう、毎日健康チェックを行ってください。ウマは病気を隠そうとする性質があります。病気を発見した時に手遅れにならないように、日頃から欠かさずチェックを行いましょう。慣れてくると、ウマを一日見ただけで、いつもと違うところがあると自然に気がつけるようになります。毎日の経験の積み重ねが大切なので、最初は下のチェック項目を踏まえてチェックし、気に

健康チェックポイント

- □歩き方に異常はないか。力を入れていない肢がないか。
- □蹄の裏にゴミが詰まっていないか。蹄の割れはないか。
- □エサはいつも通りに食べているか。水は飲んでいるか。
- □フンが軟らかすぎたり、硬すぎたりしていないか。
- □フンから異臭がしたり、消化できていないエサや虫が入っていないか。
- □尿は淡い黄色で異臭がないか。
- □耳はピンと立ち、物音に敏感に反応しているか。
- □口元に飼料や唾液がついていないか。
- □毛は光沢があり、毛並みが立っていないか。

※標準体温は37.8℃前後
心拍数は30〜40／分
呼吸数は8〜15／分

ウマの健康手帳

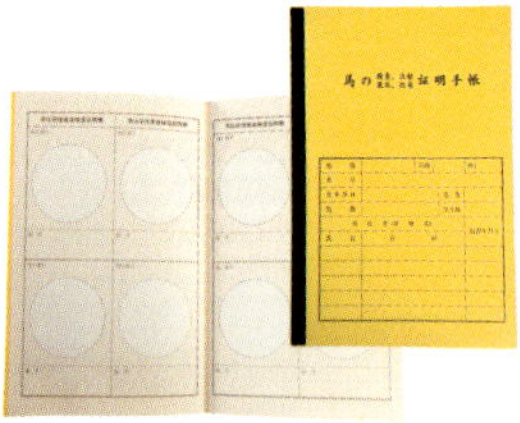

ウマを買うと必ず1冊ついてくる手帳で、飼い主さんとウマの母子手帳のようなもの。表紙に名前や出身地などの基本情報、中面は血液検査や予防接種の記録ができるようになっている。

なることがあったら詳しい人や獣医師に相談するようにしてください。

　特に気をつけたいことは、疝痛を起こしていないかどうかです。疝痛がある時の徴候を下にあげました。ウマからのサインを見逃さないようにしましょう。

　蹄と肢も大切です。ウマは歩けなくなると全身の血液循環が悪くなり、ますます体調が悪くなってしまいます。ウマの歩き方と蹄の裏は、欠かさずチェックしてください。

　また、フンと尿も健康状態を表す重要な手がかりです。健康な時の尿の色は淡黄色。フンは粒状で、地面に落ちると割れてしまうくらいが正常です。量はウマによって異なるので、毎日観察して、異常があった時、早めに気がつけるようにしておきましょう。

疝痛のサイン

下記のほか、後肢でお腹をけろうとする、食欲不振などの症状があらわれます。症状があったら、命に関わることもあるので早めに獣医師に連絡してください。

激しく前掻きをする。

横たわってつらそうにしている。

ウマの蹄

蹄の裏には、地面を踏みしめるためにへこんでいる蹄底《ていてい》と呼ばれる部分があります。この部分に蹄鉄をはめ、痛みを感じない蹄壁に釘で固定しています。

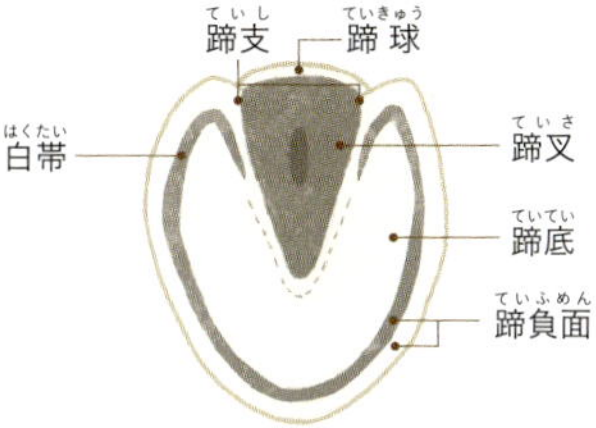

正常な長さの蹄

適切な長さの蹄。健康な蹄は、表面が滑らかでツヤがあり、分裂や腐敗がなく、触れると冷たく感じる。

伸びすぎた蹄

先が伸びて割れてしまった蹄。蹄が伸びすぎると、先が割れたり、地面からめくれあがるように曲がって伸びていく。

ウマの主な病気

かかりやすい病気や代表的なウマの病気をあげました。飼う前に病気について知っておき、気になることがあったらすぐ獣医師に連絡するようにしてください。

消化器の病気

過長歯《かちょうし》

症状　ウマの歯は生涯伸び続けるが、同時に磨滅も起こっておりバランスをとっている。そのバランスが何かしらの原因で崩れた場合、歯が不正に伸び続け口腔内に問題を生じ、食欲不振や食べこぼしがみられることがある。

原因　牧草など粗飼料の摂取不足による、歯の伸長と磨滅のバランスの悪化や、遺伝的な不正咬合による。

治療　歯鑢《しろ》（ウマの歯を削るためのやすり）を用いた過長歯の削り落としを行う。

予防　牧草を摂取することにより歯の磨滅を促す。定期的な歯のチェックを行う。

食道梗塞

症状　運動後の口腔内が乾燥している時などに、ニンジンなどの固形物や、乾燥した食物を食べることにより食道の閉塞を引き起こす疾患。突然の採食中止や飲食物の逆流がみられる。

原因　運動後すぐの採食や、ニンジンなど大きめの固形物を採食した時に発生することがある。

治療　梗塞物が触れる場合には梗塞物を押し出すか、または胃カテーテルにより原因物を除去する。不可能な場合は外科手術が必要となる。

予防　運動後すぐの食餌は控え、固形物は細かくして給与する。

疝痛《せんつう》

症状　何らかの原因によってウマが腹痛を起こした状態。軽度のものでは食欲不振や元気消失、フンの減少などがみられる程度だが、重度のものでは激しい前掻きや発汗、心拍数や呼吸数の上昇がみられ、命に関わってくることも多くある。

原因　濃厚飼料やマメ科植物の多給による鼓張、盗食による過食、腸管におけるフンの停滞による便秘、腸捻転などの腸の変位、腸内に発生した結石などど、さまざまな原因が考えられる。

治療　引き運動や腹部のマッサージを行い、腸の動きの活性化をはかる。また、点滴や消炎鎮痛剤、下剤の投与などの内科的治療を行うが、内科的治療に反応がない場合には外科手術が必要になる。

予防　腸の活動を活性化するために、適度な運動を心がける。また、濃厚飼料やマメ科植物の多給は避ける。

蹄の病気

蹄葉炎

症状　蹄内部の蹄骨と蹄壁を結合している葉状層《ようじょうそう》に発生する炎症であり、前肢に生じることが多く、蹄の熱感と跛行がみられる。重篤になると全身状態の悪化を引き起こし、予後不良となることもある。

原因　肥満による蹄への慢性的な負荷が引き金となる。また、濃厚飼料の多給により発生する毒素の影響や、感染症などの基礎疾患に続発して発生することもある。

治療　基礎疾患がある場合は、その治療を行う。また、消炎鎮痛剤の投与やダイエットにより蹄の負担を軽減する。場合によっては装蹄療法（削蹄により蹄のバランスを整えたり、特殊蹄鉄を用いることにより、蹄や腱の負担を軽減する治療法）が必要となる。

予防　適当な飼養管理を行い、体重を増やさないようにする。

蟻洞《ぎどう》

症状　細菌や真菌の感染により、蹄壁の中層と内層が剥離してしまい蹄の内部に隙間ができてしまう。蹄の熱感や跛行がみられる。

原因　不衛生な環境と蹄の手入れ不足、白線裂や蹄葉炎が引き金となることもある。

治療　剥離した蹄壁を除去し、乾燥させて消毒し、抗生物質や抗真菌剤の塗布を行う。

予防　飼養環境の衛生化や、蹄の手入れを徹底する。

蹄叉《ていさ》腐乱

症状　細菌や真菌などの感染により、蹄叉が腐敗してしまう疾患。蹄の悪臭や黒色の浸出液を伴い、蹄の熱感や跛行がみられる。

原因　不衛生な環境と蹄の手入れ不足による。

治療　削蹄により蹄の腐乱部を除去し、乾燥させて消毒する。また、蹄病軟膏を塗布する。

予防　飼養環境の衛生化や、蹄の手入れを徹底する。

挫石《ざせき》

症状　異物などを踏んでしまうことにより生じる、蹄底部の損傷のこと。蹄内部で化膿する場合もある。

原因　不整地での運動や、異物を踏んでしまうことにより生じる。

治療　消炎鎮痛剤の投与を行う。化膿している場合には蹄底を削り、膿を出す。

予防　不整地での運動を避ける。放牧地の石などを取り除く。

裂蹄《れってい》

症状　蹄壁が割れて亀裂が生じる疾患。亀裂が蹄壁の深部まで達すると、跛行がみられる。

原因　冬期の蹄の乾燥や、運動時の前肢と後肢の追突などによる。

治療　経度であれば、亀裂が進行しないように蹄をヤスリで削る。重度の場合は蹄壁を充填剤などで固定する必要がある。

予防　蹄油を塗布し、蹄の乾燥を防ぐ。定期的な削蹄を行う。

ナビキュラー病

症状　蹄内部にある遠位種子骨（ナビキュラー）への慢性的な負荷により、骨の変性を生じる疾患。高齢のウマの前肢に発生が多く、蹄の熱感や跛行がみられる。

原因　蹄の変形や、慢性的な負担によって起こる。

治療　消炎鎮痛剤の投与が行われる。また場合によっては装蹄療法が必要となる。

予防　正常な蹄を維持し、負担を軽減するように努める。

運動器の病気

骨折

症状　ウマでは四肢の骨折の発生が多く、患部の腫脹と熱感や痛みがみられる。骨折の発生部位や重症度により軽度〜重度の跛行がみられるが、複雑骨折の場合には予後不良となることもある。

原因　溝や柵に肢などを挟んだり、転倒した時などに発生する。

治療　軽度であればギプス固定で十分だが、重度になると外科手術が必要となる。

予防　環境中の危険な物や場所（溝、地面の凹凸、壊れかけた牧柵など）をなるべく排除する。

屈腱炎《くっけんえん》

症状　管にある浅屈腱や深屈腱に炎症が生じる疾患。後肢よりも前肢に生じることが多く、完治が難しいので、不治の病ともいわれている。患部の腫脹、熱感、疼痛や軽度〜重度の跛行がみられる。

原因　不正地での運動や、過度の運動による腱の負担により発生する。

治療　患部を水で冷やしたり、消炎剤を塗布するが、完治までには時間がかかる。

予防　不整地での無理な運動を避ける。

フレグモーネ

症状　四肢の皮下結合組織に感染が起こり、肢が腫脹する疾患。前肢よりも後肢に発生することが多く、全身に感染が広がると予後不良となることがある。

原因　外傷などからの感染によるが、はっきりした外傷がなくとも発生することがある。

治療　抗生剤や消炎剤の投与をする。患肢から膿が出てくるような場合は、切開し排膿を促す。

予防　特にない。

皮膚の病気

蕁麻疹《じんましん》

症状　アレルギー反応により体に発疹

が生じる疾患。基本的にかゆみは少ないが、頭部に多く生じた場合には、呼吸に影響が出るため注意が必要。

原因　食物や敷料、昆虫や薬物などのアレルギー反応による。

治療　考えられる原因の除去を行う。原因の特定が難しい場合は消炎剤や抗アレルギー薬などを用いる。

予防　アレルギー反応が疑われるものを環境中から除去する。

繋皹《けいくん》

症状　蹄の上の繋（つなぎ）の窪み部分に発生することの多い皮膚病。後肢に発生が多く、細菌の感染により脱毛が起こる。

原因　手入れの不足や、湿潤な環境が引き金となる。

治療　患部を水洗して清潔にし、抗生剤の軟膏を塗布する。

予防　普段から馬体を清潔にするように努める。

その他の病気

鼻出血

症状　片側または両側の鼻孔より出血がみられる疾患。鼻腔、喉嚢《こうのう》（喉と耳を繋いでいる管）、肺など呼吸器系からの出血の可能性が考えられる。

原因　顔面の打撲による鼻腔内の出血、喉嚢における真菌の感染、激しい運動後の肺出血などによる。

治療　なるべく安静にしてウマを落ち着かせ、やや上を向かせる。止血剤の投与を行うが、喉嚢からの出血が疑われる場合は、外科手術が必要なことがある。

予防　特にない。

熱発《ねっぱつ》

症状　呼吸器感染により、体温が39℃以上に上昇した状態。食欲や活動意欲が低下し、鼻汁などがみられることがある。

原因　ストレスや環境、気温の変化、免疫力の低下などによる。

治療　補液や抗生剤の投与を行う。

予防　ストレスの少ない環境を与える。

角膜炎

症状　眼球の表層の角膜が何かしらの原因により損傷を受けたもの。涙が多くなり、眼やにが出て、眼を開くことを嫌がる。

原因　眼をどこかにぶつけてしまうなどの物理的な刺激により発生する。

治療　眼の洗浄と点眼を行う。

予防　特にない。

寄生虫疾患

症状　円虫や回虫などの細長い線虫や、葉の形をした条虫が主に消化器系に寄生することによって食欲不振、削痩、栄養不良、疝痛様症状などが発現する。

原因　フン中に排出された虫卵や、その虫卵が孵化した幼虫、あるいは虫卵を摂取したダニなどをウマが食べることにより寄生する。

治療　駆虫薬の投与と共に、発現している症状に対する治療を行う。

予防　定期的な駆虫薬の投与。

column

ウマの感染症

ウマ伝染性貧血
ウイルス感染により発熱と貧血を特徴とする疾患。効果的な治療法は無く、本病と診断された場合は殺処分となる。地域により1～2年に1度の検査が義務付けられている。

ウマインフルエンザ
ウイルス感染により発熱や鼻汁、咳などの呼吸器症状を特徴とする疾患。感染力が強く、咳などの飛沫核により爆発的に広がっていく。半年に1度のワクチンが推奨されている。

日本脳炎
ウイルス感染により発熱や食欲不振、神経症状を特徴とする疾患。蚊の媒介によって感染が広がっていく。5月、6月のうちに2度のワクチン接種が推奨されている。

破傷風
創傷から感染した菌が体内で増殖し、神経症状を引き起こす疾患。音などの刺激に過敏になり、発作様の症状がみられる。1年に1度のワクチンが推奨されている。

ウマの用語解説

ウマの基本用語

馬具【ばぐ】

ウマに装着するものの総称。乗馬のために使用する鞍《くら》、鐙《あぶみ》、ハミ、手綱《たづな》、頭絡《とうらく》や、日常管理でも用いる無口や馬着など。

馬房【ばぼう】

ウマが一頭で飼育されている仕切られた部屋のこと。

厩舎【きゅうしゃ】

馬房が集まった建物。飼料庫や馬具庫が併設されていることが多い。

パドック

小さな放牧場や運動スペース。また、ウマの調教を行う場所のこと。競馬では、下見のためにレース前に観客にウマを見せる場所を指す。

飼い【かい】

牧草など、ウマに与えるエサのこと。朝に与えるエサを朝飼い、夕方に与えるエサを夕飼いと呼ぶ。

ボロ

ウマのフンのこと。馬房を掃除することを「ボロとり」ともいう。

装蹄【そうてい】

ウマの蹄の裏に蹄鉄をつけること。専用の装蹄工具を用いる。まず蹄の伸びた部分をカットし、蹄の形に合わせて蹄鉄を変形させ、蹄の裏に打ちつけて釘で固定する。

装蹄師【そうていし】

ウマやウシの蹄のケアを行う資格を持った専門家。装蹄のほか、蹄鉄の制作や削蹄なども担当する。

舌鼓【ぜっこ】

「チッチッチッ」と短く何度も舌打ちをして、ウマに指示を出すこと。ウマに注意したり、乗馬の際に元気づけるために行う。

引き馬【ひきうま】

無口をつけてリードをつなぎ、ウマを引いて歩くこと。

グイッポ

歯を物に押し当てて、空気を飲み込む動作。さく癖の俗称。ウマが退屈している時に行うことがある。空気を飲み込むことで疝痛などの原因になることがあるので、注意しなければいけない問題行動のひとつとされている。

ウマの毛に関する用語

被毛【ひもう】
ウマの全身を覆う短い毛。

長毛【ちょうもう】
まえがみ、たてがみ、尾毛など、局部にある長い毛。

白斑【はくはん】
ポイントになる白い毛の部分のこと。場所や形、大きさによってそれぞれ呼び方が決められている。

刺毛【さしげ】
白斑ほどまとまった大きさのない、ところどころにある少数の白い毛。

星【ほし】
ウマの額にある白斑のこと。大きさによって小星、星、大星、形によって曲星、環星、乱星と呼び分けられる。

流星【りゅうせい・ながればし】
星の下に白いすじが入り、星が流れたように見える模様のこと。

鼻白【びはく・はなじろ】
鼻の部分にある白斑のこと。

鼻梁白【びりょうはく】
鼻梁（額の下から鼻の上まで）にのびる白斑のこと。

唇白【しんぱく】
唇の白い模様。上唇にあるものは上唇白、下唇にあるものは下唇白と呼ばれる。

作【さく】
額から鼻までほぼまっすぐにのびている白斑。

旋毛【せんもう】
ウマの体にあるつむじのこと。旋毛の位置は生まれつきで、位置も変わらない。

歩き方・走り方の用語

歩様【ほよう】
ウマが歩く時の肢の運び方の様子。また、馬術用語としてウマの歩き方や走り方（常歩、速歩、駈歩など）の種類をいうこともある。後者の場合、歩法とも呼ばれる。

常歩【なみあし】
4拍のリズムでゆっくりと歩くこと。3本の肢が地面についていて、1本の肢だけが地面から離れて歩みを進めている状態。

速歩【はやあし】
早歩きのような走り方。対角線上の二肢が同時に着地する。2拍のリズムを刻む。

駈歩【かけあし】

速歩よりさらに早い走り方。対角線上の二肢が交互に着地し、四肢がすべて宙に浮く瞬間がある。3拍のリズムになる。

襲歩【しゅうほ】

もっとも早い走り方。ギャロップとも呼ばれ、競馬のウマが走っている時の歩法。駈歩の状態から、後肢が前肢よりも少し早く着地し、4拍のリズムになる。

跛行【はこう】

歩様に異常があること。跛行が見られる場合は、肢のケガや病気の可能性があるので注意が必要。

乗馬に関する用語

馬場【ばば】

ウマに乗って運動をするため、柵で囲み、砂や土を敷いた場所。

馬場馬術【ばばばじゅつ】

馬術競技の一種。馬場の中で決められたコースを規定の動きで通過して完成度を競う規定課目と自由演技がある。

障害飛越【しょうがいひえつ】

設置された障害を飛び越えながらコースを走り抜け、得点を競う馬術競技。

ウエスタン乗馬

カウ・ボーイの乗馬スタイルに基づいた乗馬方法。ブリティッシュと呼ばれるヨーロッパ式の乗馬方法とは、利用するウマの種類や馬具などが異なる。

外乗【がいじょう】

乗馬クラブなどの外に出て、山道や林道で乗馬を楽しむこと。

馬装【ばそう】

ウマに乗馬に必要な馬具を装着すること。

ハミ

乗り手の指示を手綱を通して伝える道具。ウマの歯の間(歯槽間縁)に装着する。

頭絡【とうらく】

ウマの顔に装着する馬具。ハミと手綱を繋ぐ役割をする。

鞍【くら】

乗馬の際にウマの背に乗せて、人が座る場所にする馬具。

鐙【あぶみ】

乗馬の際に人の足を乗せる道具。鞍から吊り下げて使用する。

小さなウマに関する問い合わせ先

ミニチュア･ホースの販売
ノマドック

住所	電話番号
北海道新冠郡新冠町字古岸 111-1	0146-42-2810

URL：http://www.nomadoc.com/

スギタスーパー・ミニ･ホースの販売
ムーミン牧場

住所	電話番号
北海道上川郡清水町字旭山南 8線 54	0156-63-2572

URL：なし

ミニチュア･ホースの販売
スエトシ牧場

住所	電話番号
長野県佐久市志賀 31	0267-68-5210

URL：http://www.bokujo.co.jp

ミニチュア･ホース、ポニー、乗用馬の販売
清水馬道楽

住所	電話番号
山梨県北杜市小淵沢町上笹尾 3332-168 八ヶ岳ウエスタン牧場内	090-9308-1376
	URL
	http://www.ywr.jp/

ポニーの販売
ワールド牧場

住所	電話番号
大阪府南河内郡河南町白木 1456-2	0721-93-6655

URL：http://www.worldranch.co.jp

ポニー、乗用馬の販売先の紹介
神郷乗馬クラブ

住所	電話番号
岡山県新見市神郷下神代 3505	0867-92-6210

URL：http://www.johba.net/shingou/index.htm

ポニー、ミニチュア･ホースのエサの販売
どうぶつのごちそう

住所	電話番号
福岡県京都郡苅田町幸町 7-145	093-436-0050

URL：http://www.rakuten.co.jp/animalsanta

御崎馬、在来馬の活用馬の調教･販売
みやざき在来馬牧場

住所	電話番号
宮崎県日南市飫肥 6-7-14	090-2084-0192

URL：http://native-horse.net/

ウマの購入については、上記のほか、全国の牧場や乗馬クラブで販売や販売先の紹介をしている場合があります。

おわりに……

ウマは長い間、人と暮らしを共にしてきた動物です。
かつて、ウマは生活に欠かせない大切なパートナーでした。
暮らしの中で活躍の場がなくなった現代でも、
ウマに魅せられ、一緒に暮らしたいと考える人は多くいます。
ウマと暮らすために、移り住んだり、仕事を選んだりと、
生き方そのものを合わせる人も少なくありません。
それほどウマは人を惹きつける何かを持っているのでしょう。
本書で紹介するのは小型のウマですが、小さくてもウマはウマ。
本当に飼うためには、家族のこと、日々の暮らしのこと、
自分の将来のことまで考えたうえで、入念な準備が必要です。
それでも、いつかウマを飼う夢を実現したい、
もしくは心の片隅にでも夢として置いておきたい。
そんなウマとの暮らしに憧れる方に、
本書が少しでもお役に立てれば幸いです。

【撮影協力先】

ライディングクラブ サンヨーガーデン

神奈川県川崎市麻生区片平 1488　TEL:044-987-0980　URL:http://34250.jp/

志鳥牧場

栃木県那須烏山市志鳥 3632－9　TEL：0287-88-2758

スエトシ牧場

長野県佐久市志賀 31　TEL：0267-68-5210　URL：www.bokujo.co.jp

ORGANIC STYLE CAFE PONY PONY

静岡県藤枝市善左衛門 2-5-31　TEL：054-636-8825　URL：http://www.ponypony.jp

【制作協力先】

アインショップ 神戸

兵庫県神戸市中央区栄町通 1-1-5　TEL：078-325-0588　URL：http://www.einshop.jp

青島文化教材社

静岡県静岡市葵区流通センター 12-3　TEL：054-263-2461　URL：http://www.aoshima-bk.co.jp/

馬の雑貨屋 HORSE-GIFT.com

東京都杉並区久我山 3-7-29　TEL：03-3333-1736　URL：http://www.horse-gift.com

ジャングルジム（インテリア雑貨）

静岡県三島市一番町 10-8　TEL：055-976-1553　URL：http://www.rakuten.ne.jp/gold/junglegym/

独立行政法人 家畜改良センター 十勝牧場

北海道河東郡音更町駒場並木 8 - 1　TEL：0155-44-2131　URL：http://www.nlbc.go.jp/tokachi/

北欧雑貨のアッテリア

愛知県名古屋市名東区野間町 11　TEL：052-734-8455　URL：http://www.aterior.com

みやざき在来馬牧場

宮崎県日南市飫肥 6-7-14　TEL：090-2084-0192　URL：http://native-horse.net/

【参考文献】

「アニマルサイエンス１　ウマの動物学」近藤誠司（東京大学出版会）
「新アルティメイトブック　馬」エルウィン・ハートリー・エドワーズ（緑書房）
「馬の医学書」日本中央競馬会競走馬総合研究所（チクサン出版）
「馬の飼い方マニュアル」日本馬事協会（日本馬事協会）
「馬を飼うための完全ガイド HORSE CARE MANUAL 改訂版」本好茂一・太田恵美子（インターズー）
「家畜の歴史」F・E ゾイナー（法政大学出版局）
「故事ことわざ辞典 続」鈴木棠三（東京堂出版）
「新版 家畜飼育の基礎」阿部亮（農山漁村文化協会）
「世界ことわざ大事典」柴田武、谷川俊太郎、矢川澄子 (大修館書店)
「そだててあそぼう　ウマの絵本」近藤誠司（農山漁村文化協会）
「動物の栄養」唐沢豊（文永堂出版）
「日本の家畜・家禽」小宮輝之、秋篠宮文仁（学習研究社）
「ホース・ピクチャーガイド　蹄と蹄鉄」トニー・ウェバー（緑書房）

【参考 URL】

畜産 ZOO鑑　http://zookan.lin.gr.jp/

日本馬事協会　http://www.bajikyo.or.jp/

監修者紹介

中田順寿

1948年、長野県生まれ。中田馬の病院院長。獣医師、装蹄師。麻布獣医科大学（現麻布大学）馬術部所属。卒業後、富士宝牧場にて馬に携わる仕事を始め、大井競馬場診療所、宮川獣医科勤務後、1983年、中田動物病院、中田競走馬診療所（現中田馬の病院）開業。以降、馬の診療、装蹄からアニマルセラピーまで精力的に活動の幅を広げている。

中田馬の病院

1983年開院。小動物の診療を行う中田動物病院を併設しており、小動物から馬まで幅広く診療を行う。また、馬を知ってもらうために馬とふれあう会を発足し、「RDAたま」として障がい者乗馬活動も同時に行う。その他、養護学校などの訪問活動や、障がい者乗馬活動の啓発のため日本縦断馬の旅を行っている。

URL：http://www.nac-c.co.jp

Staff

Editor	佐藤華奈子
Photographer	平林美紀（P1-29, P36-69, P76-128） 伊藤トオル（P30-35） 藤田りか子（P70-75, P80-81）
Designer	松永路
Illustration	今田美沙（P42-89）　高田美穂子（P98-115）
Special Thanks（敬称略）	庄司義臣 山田洋平 吉岡洋美（以上中田馬の病院） 原口俊彦（まきばカフェ） 岩崎一美

小《ちい》さなウマ飼《か》いになる

ミニチュア・ホース、ポニー、在来馬《ざいらいば》の飼《か》い方《かた》　　NDC 489

2010年10月31日　　発　行

編　者　小《ちい》さなウマ好《ず》き編集部《へんしゅうぶ》

発行者　小川雄一

発行所　株式会社 誠文堂新光社

〒113-0033　東京都文京区本郷3-3-11
（編集）電話 03-5800-3614
（販売）電話 03-5800-5780
http://www.seibundo-shinkosha.net/

印刷所　（株）大熊整美堂

製本所　（株）ブロケード

ISBN978-4-416-71042-5